光明行 系列丛书

道德与践行

北京市监狱管理局
北京市戒毒管理局 编著

中国政法大学出版社

2025·北京

图书在版编目（CIP）数据

道德与践行 / 北京市监狱管理局, 北京市戒毒管理局编著. -- 北京：中国政法大学出版社, 2025. 3. -- ("光明行"系列丛书). -- ISBN 978-7-5764-1984-9

Ⅰ. D926.7

中国国家版本馆 CIP 数据核字第 2025ME4244 号

书　名	道德与践行 DAODE YU JIANXING
出版者	中国政法大学出版社
地　址	北京市海淀区西土城路 25 号
邮　箱	bianjishi07public@163.com
网　址	http://www.cuplpress.com (网络实名：中国政法大学出版社)
电　话	010-58908466(第七编辑部) 010-58908334(邮购部)
承　印	北京中科印刷有限公司
开　本	720mm×960mm　1/16
印　张	16
字　数	220 千字
版　次	2025 年 3 月第 1 版
印　次	2025 年 3 月第 1 次印刷
定　价	62.00 元

第一版编委会

修订版编委会

修订版总序

　　教材是传播知识的主要载体，体现着一个国家、一个民族的价值观念体系。习近平总书记指出："紧紧围绕立德树人根本任务，坚持正确政治方向，弘扬优良传统，推进改革创新，用心打造培根铸魂、启智增慧的精品教材。"监狱作为教育人、改造人的特殊学校，更加需要一套科学系统的精品教材，洗涤罪犯灵魂，将其改造成为守法公民。多年来，首都监狱系统在"惩罚与改造相结合、以改造人为宗旨"的监狱工作方针指导下，始终坚持用心用情做好教育改造罪犯工作，秉持以文化人、以文育人理念，于2012年出版了北京市监狱管理局历史上第一套罪犯教育教材——"光明行"系列丛书，旨在用文化的力量，使人觉醒、催人奋进、助人新生。

　　丛书自问世以来，得到了司法部、北京市委政法委、市司法局等上级机关和领导的充分肯定，获得了范方平、舒乙、洪昭光等知名专家的高度评价，受到了全国监狱系统同行的广泛关注，得到了罪犯的普遍欢迎，成为北京市监狱管理局科学改造罪犯的利器。这套丛书获得了多项荣誉，2012年被国家图书馆和首都图书馆典藏，《道德与践行》被中央政法委、北京市委政法委列为精品书目，《健康与养成》获得了"全国中医药标志性文化作品"优秀奖等。"光明行"系列丛书已经成为北京市监狱管理局罪犯改造体系的重要组成部分，成为北京市监狱管理局的一张名片，为全面提升罪犯改造质量发挥了重要作用。

　　党的十八大以来，以习近平同志为核心的党中央高度重视监狱工作，习近平总书记多次作出重要指示，为监狱工作提供了根本遵循，指明了前进方向。特别是随着中国特色社会主义进入新时代，社会主要矛盾发生根本转变，经济生活发生巨大变化，社会形势发生重大变革，全党确立习近平新时代中国特色社会主义思想，提出了一系列治国理政的新理念、新思想、新战略，取得了举世瞩目的成就。近年来，随着刑事司法领域全面深化改革的逐步推进，国家相关法律和监狱规章发生较大调整，监狱押犯构成发生重大变化，监狱机关面临新形势、新任务、新挑战，需要我们与时俱进，守正创新，在罪犯改造的理论体系、内容载体、方式手段，以及精准化水平等方面实现新的突破，以适应新的改造需要。在这样的背景下，北京市监狱管理局以"十个新突破"为指引，正式启动对"光明行"系列丛书的修订改版，进一步丰富完善罪犯教育教材体系，推动教育改造工作走深、走精、走活、走实。

本次修订对原有的《监狱与服刑》《道德与践行》《法律与自律》《劳动与改造》《心理与心态》《回归与融入》6 本必修分册，以及《北京与文明》《信息与生活》《理财与规划》《健康与养成》4 本选修分册进行更新完善，同时新编了一本《思想与政治》必修分册，以满足强化罪犯思想政治教育、树立"五个认同"的现实需要，使得丛书内容体系更加科学完善。

新修订的"光明行"系列丛书共计 160 余万字，展现出以下四大特点：一是反映时代特征。丛书以习近平新时代中国特色社会主义思想为指导，反映十几年来社会发展和时代进步的最新成果，将中央和司法部对监狱工作的新思路、新要求融入其中，特别是坚持同中国具体实际相结合，同中华优秀传统文化相结合，对理论及内容进行更新，充分展现"四个自信"。二是彰显首善标准。丛书总结这十几年来北京市监狱管理局改造工作经验，将"十个新突破"及教育改造精准化建设的最新要求融入其中，体现了市局党组和全局上下的使命担当和积极作为，反映了首都监狱改造工作取得的成绩和经验，展现了首都监狱工作的特色和水平。三是贴近服刑生活。丛书立足监狱工作实际，紧扣服刑、改造、生活、回归等环节，贯穿服刑改造全过程，摆事实、讲道理、明规矩、正言行，既供罪犯阅读，也供民警讲授，对罪犯有所启发，使其有所感悟，帮助罪犯解决思想和实际问题。四是适合罪犯学习。丛书更新了大量具有时代性和典型性的故事和事例，以案析理、图文并茂，文字表述通俗易懂、简单明了，每个篇章新增了阅读提示、思考题以及推荐书目和影视作品，使罪犯愿意读、有兴趣、能读懂、易接受，将思想教育做到潜移默化、润物无声。

本次修订改版从策划编写到出版问世，历时一年，经历了内容调研、提纲拟定、样章起草、正文撰写、插图设计、统稿审议、修改完善和出版印刷等大量艰辛繁忙的工作。丛书修订得到了各级领导的大力支持和悉心指导，参与社会专家达到 21 人，参与编写的监狱民警 80 余人，组织召开各类会议 130 余次，问卷调查涉及罪犯 1800 余人次，投入经费 200 万元。我们还荣幸地邀请到秦宣、章恩友、马志毅、金大鹏、林乾、吴建平、元轶、刘津、许燕、杨光、巫云仙等知名专家担任顾问，加强指导、撰写序言、提升规格、打造精品。希望广大罪犯珍惜成果、加强学习、认真领悟、真诚悔过、自觉改造，早日成为有益于社会的守法公民。

在此，谨向付出艰辛劳动的全体编写人员致以崇高敬意，向支持帮助丛书编写出版的同志们及社会各界人士表示衷心的感谢！由于时间和水平有限，难免存在疏漏和不足之处，欢迎批评指正。

"光明行"系列丛书编委会

2025 年 1 月

分 序

　　"文化自信是一个国家、一个民族发展中最基本、最深沉、最持久的力量"。文化改造模式是监狱以文化力对罪犯进行改造的一种方式。在文化改造更加具备民族性和时代性特征的现实背景下，监狱对罪犯进行文化改造必须以中国文化为依托，充分挖掘、应用中华优秀传统文化来助力实现监狱文化改造的价值目标。

　　充分利用中华传统优秀文化的规正功能，应用优秀传统文化的涵养、浸润、修习、传承等教化之功，浸润无声地对罪犯内心思想道德进行熏陶和感染，逐步扭转罪犯错误认知，使之明是非、知美丑、辨善恶。

　　充分利用中华优秀传统中的仁爱思想，通过民警春风化雨、诲人不倦、关心关爱、以身作则，弥补罪犯在社会化成长进程中情感缺失，责任感、同理心不足等问题，潜移默化地强化罪犯"仁者爱人""爱民与利民""常怀仁爱之心，常行仁德之事；既爱自己，又爱他人"的思想意识。

　　充分利用中华优秀传统文化中的义利观来引导罪犯，导之以行、戒之以规，促使罪犯矫正不良行为习惯。连同中国特色社会主义核心价值观一起融入罪犯行为规范教育中，通过开展个别谈话、组织法律文化宣讲、观看道德案例视频等多种形式培育罪犯敬畏之心，使之养成遵纪守法的优秀品格。

　　深入挖掘中华传统文化中有益于罪犯改造的积极因素，促进罪犯反思己过，实现道德认同；鼓励开展论语解读、书法写作、诗歌创作等传统优势项目，打造改造项目品牌；利用中华传统文化的义利观来引导罪犯，导之以行、戒之以规，促使罪犯矫正不良行为习惯，培育罪犯敬畏之心，使之养成遵纪守法的优秀品格。

"路漫漫其修远兮，吾将上下而求索"。教育改造是促进人的全面发展的一个重要组成部分，有助于改善服刑人员由于家庭因素、社会因素、校园教育缺失等因素导致的道德缺位，有助于服刑人员积极影响他人，有助于服刑人员的回归，有助于降低服刑人员再犯罪率。教育改造的目标，就是帮助服刑人员树立忠诚爱国、胸怀祖国的理念，树立立人达人、乐助他人的理念，树立以己量人、体谅他人的理念，树立宽厚待人、容让他人的理念，树立反求诸己、严于自省的理念。

中国政法大学教授、博士生导师 林乾

2025 年 1 月

目 录

第一篇

孝 悌*

百善孝为先。孝道是中华民族传统文化的精髓，是儒家伦理思想的核心，也是千百年来中国社会维系家庭关系的道德准则，是做人的传统美德。何谓"孝悌"？《孟子·滕文公下》中记载："于此有人焉，入则孝，出则悌"，"入则事亲孝，出则敬长悌。悌，顺也"。即孝顺父母、尊敬兄长，是人之为人的首要和根本准则，只有懂得并做到孝悌，才符合做人最基本的品德要求，进而明白做人、做事更深刻的道理。

【阅读提示】

1. 了解"孝悌"在中国传统文化中的重要地位。
2. 学会如何在日常生活中践行"孝悌"。

---

* 笔者注：尊敬、爱戴兄长叫"悌"，指的是同家族、宗族、氏族的同辈而年长者，并非仅限于现代小家庭的兄弟。

一、孝为德之本

> 夫孝，德之本也，教之所由生也。
>
> ——《孝经·开宗明义》

《孝经·开宗明义》中记载着这样一个故事：孔子在家里闲坐，他的学生曾参（曾子）在旁侍坐。孔子说，古代的圣王有至高之德、切要之道，用以顺天下人心，使人民和睦相处，上上下下都没有怨恨。你知道先王的至德要道是什么吗？

曾子离席而起，恭敬地回答说，学生曾参愚昧，怎么会知道呢？

孔子说，孝，是德行的根本，一切教化都从这里生发开来。你坐下，我现在就给你讲！人的身体乃至每一根毛发和每一寸皮肤，都是父母给予的，应当谨慎爱护，不敢稍有毁伤，这是实行孝道的开始；以德立身，实行大道，使美好的名声传扬于后世，以光耀父母，则是实行孝道的最终目标。所以实行孝道，开始于侍奉双亲，进而在侍奉君主的过程中得以发扬光大，最终的目的是成就自己的德业。《诗经·大雅》中说，常常怀念祖先的恩泽，念念不忘继承和发扬他们的德行，说的就是这个意思。[1]

在这里，孔子为我们揭示了一个做人的重要原则，也是最基本的道德问题，那就是"孝"。中华民族自古就有重视孝道的传统，历来把尽

---

[1]《诗经·大雅》："无念尔祖，聿修厥德。"

孝视为做人做事的根本。早在周朝的礼制中，就有与孝道相关的严格规定，那时的统治者不仅倡导敬老的道德风尚，还为养老制定了详细标准："五十养于乡，六十养于国，七十养于学，达于诸侯。"[1]历代王朝中，君王以孝治天下、以孝为首要标准选拔官员的做法乃是常态。"百善孝为先""求忠臣必于孝子之门"的古语古训更是凸显出传统文化与古代政治对孝的重视程度。在古代，不孝顺父母被称为"忤逆"，不仅在道德上会被社会大众鄙视和否定，甚至会触犯律法，成为严重的罪行。隋唐之后，各朝代更是将"不孝"作为"十恶重罪"之一列入法典。三国时期的吕布虽勇武过人，却因为先后杀害义父丁原和董卓而被蔑称为"三姓家奴"，其德行为天下人所不齿。晋代的王祥为了让生病的母亲吃上鲜鱼，在冬天的河面解衣卧冰，希望通过自己的体温融化冰层捕到鱼，从而留下了"卧冰求鲤"的千古美谈。"二十四孝"中的一些例子在今人看来虽过于极端，但是为人孝与不孝，历史评价也会截然不同，更加显现出"孝"在中国历史、文化中的重要地位。

那么，古人为什么如此重视"孝"呢？

孔子说："夫孝，天之经也，地之义也，民之行也。"意思是说："孝，是天经地义的事，是人的自然的行为。"孔子把人的孝道与天、地运行的规律并提，认为人尊奉孝道就如同天地运行的道理一样，是人自然而然之本性。所以孝是天性，是一切道德的总纲。此外，"孝"之所以被看作百善之先和道德之本，还因为一个人的孝心一旦被启发，他所有的善良与德行都会因此产生并成长。起心动念之间能够时刻牢记，不能因为自己的错误言行而使父母丢脸，因此自我检讨、自我警醒的意识自然会得到加强。当一个人懂得孝敬自己的父母，并推及尊敬别人的父母乃至天下所有的人，那么治理天下就非常容易了。即"老吾老，以及人之老；幼吾幼，以及人之幼。天下可运于掌。"

孝还能使家庭和睦、社会和谐。孔子曾说："教民亲爱，莫善于

---

[1] 《礼记·王制》。

孝。"〔1〕意思是说："教化人民互相亲近友爱，再没有比孝道更合适、更有效的了。"他进而说，尊敬父亲，做儿子的就会高兴；尊敬哥哥，做弟弟的就会高兴；家庭氛围就会其乐融融。古人还将孝对家庭的意义延伸至社会，一个人在家族中恭顺兄长，在社会上就会恭敬长者，在工作中就会恭顺上级。这样一来，各阶层之间没有冲突和矛盾，社会自然会呈现一派和谐的景象。对于孝的延伸意义，孔子曾说："君子之事亲孝，故忠可移于君。事兄悌，故顺可移于长。居家理，故治可移于官。是以行成于内，而名立于后世矣。"〔2〕意思是说："如果我们对父母有敬爱的心，那么对国家就会有忠诚的心；如果我们对兄长有恭顺的心，那么对上级就会有服从的心；如果把家族治理得和睦，那么在管理公务上就会众志成城。所以说，孝道是一切道德的根本，一切教育由此而产生，一切成就由此而开始。遵从孝道的准则，成就了我们良好的行为，在家中养成了美好的品行道德，名声也会显扬于后世。"

中华文化能够传承千年而不绝，很重要的一个原因是对家庭关系的重视。而在家庭关系中，"孝悌"成了人们最自然、最基础、最根本的处事准则。如果没有"孝悌"这个根本的道德规范，没有由"孝悌"衍生出来的各种社会观念、礼仪制度，中华文化乃至中华民族，何以能传承至今呢？

思考题

1. 为什么说"孝"是众多美好品德的根本？

2. "孝悌"对个人、家庭乃至社会有哪些积极的影响？

3. 请说出一个你知道的"孝"或"不孝"的典型例子，并说一说从这个例子中我们能学到什么。

---

〔1〕《孝经·广要道》。
〔2〕《孝经·广扬名》。

二、孝之始终

身体发肤，受之父母，不敢毁伤，孝之始也。

立身行道，扬名于后世，以显父母，孝之终也。

——《孝经·开宗明义》

任何事物都有本末之分，就像树木有根本也有枝叶。任何事情的发展都要经历开始与终结，如果知道先做什么，后做什么，这样就接近于了解事物的规律了。做人做事应如此，践行孝道亦应如此。《孝经》讲道，一个人孝敬父母，最基本的孝行，是要保护好父母给予我们的身体；最高级的孝行，则是留下美名，使父母以我们为荣。

父母之恩，首先是生身之恩。爱惜和保护自己的身体便是我们践行孝道，感恩父母、回报父母的基础。在《礼记·祭义》中有这样一个故事：乐正子春下台阶时不小心摔伤了脚，几个月没出门，还面有忧色。他的弟子问，老师的脚已经痊愈，几个月不出门，还面带忧色，这是为什么呢？乐正子春说，你问得好啊！我听我老师曾子说过，他曾听孔夫子说，天之所生，地之所养，没有比人更重要的了。父母给予子女完整的身躯，做子女的要珍惜重视，这才可以称得上孝。不损伤、玷污自己的身躯，孝才可以称得上完全。如今我不小心摔伤了脚，所作所为有违孝道，所以我心有烦恼，面有忧色。做子女的，举手投足、一言一行都不敢忘记父母，否则有违孝道。行动上不忘父母，所以走路要走平坦大路，不敢用父母赐给我们的身体去做危险的行为；言语上不忘父母，所以恶言恶语不出于自己口中，愤怒难听的语言也不会回骂到自己身上。自身不受污辱，父母也就不会蒙受羞耻，这才能称得上孝。

当然，爱惜身体并不意味着自私自利、以自我为中心。不能以

"践行孝道、爱惜身体"为由,面对灾难、危险时选择躲避。中国历史上出现过很多抗击外侮的英雄和为国家大义慷慨赴死的勇士。无论是过去、现在还是将来,舍生取义、见义勇为的行为都是为社会推崇和赞扬的。

作为成年人,凡是于我们身心有害的事物都应该自觉远离,因为我们不仅代表着自己,还承担着家庭和社会的责任。但是也不能因为一己之私而急功近利、违背道义。要以获得社会肯定、让父母以我为荣、让子女以我为榜样做人做事,在实现个人价值的同时回报父母、回报社会。以现代的眼光来看,不敢毁伤父母所给予的"身体发肤",更多强调的是个人要具有自爱的意识。如果不自爱,沾染不良习惯而毁伤身体,让父母整日为自己担心,又如何回报父母的养育之恩,又怎么发展自己的事业,让父母以我为荣呢?

所以,对于所谓特立独行、追求刺激而于社会、家庭、自身无任何意义的危害身心之事,不能只顾个人感受,还要考虑到父母的情感和心理接受程度。至于那些因为消极悲观或其他种种原因而自杀、自残的行为,更是对孝道的背弃,是对自己、对父母极不负责任的表现。至于以自伤至自残等手段博取眼球、获取利益的做法,更是为社会、道德所不容。

吃活泥鳅、喝洗脚水、喝酒惩罚、鞋底打嘴……网络平台上,好勇斗狠、助长戾气的搏命式直播不少。这样的直播有市场,导致一些人甘愿冒着生命危险疯狂试探。网络主播门槛较低,竞争又太激烈,想成为日进斗金的"网红主播"其实比登天还难。因此,不少主播为了保持热度与竞争力,吸引更多关注和获得更多打赏,可谓无所不用其极。

平心而论,近年来网络监管环境明显趋严,内容生产要求持续提高,但各种直播乱象依然如"牛皮癣"一样禁而不绝,根源就在于有利可图、唯利是图。大多数网络主播无法产出更具吸引力的内容,好勇斗狠成了他们"杀出重围"的捷径。而在同质化恶性竞争下,他们

"深陷泥潭"无法自拔。他们深知观看网络直播的粉丝大多抱有猎奇心态。但粉丝可能意识不到：自己的每一次点击、每一次打赏，都会成为对这类直播行为的变相鼓励。

网红行业所面临的高风险，并非单一因素所致，而是多种复杂原因交织的结果。网络直播拉近了屏幕两端的距离，让人与人、心与心之间更贴近，这片网络净土需要每一个人共同守护。运营平台要进一步加强审核，检视自己是否落实好了主体责任。部分主播会采用小号、故意遮蔽、"黑话"等方式来逃避平台监管，不要等着公众指出来再去处罚。监管部门应加大惩治、处罚力度，保持"严"的震慑力度。主播自身也应当具备最基本的判断能力，不要拿自己的生命和身体做赌注。

我们呼吁平台、用户及监管部门共同发力，让拿生命冒险的直播下场。[1]

人们对财富、金钱等利益的追求不能通过毫无下限地找刺激、博眼球，或用伤害身体的方式获得利益，否则就得不偿失了。换位思考一下，我们身为父母，如果看到自己的孩子受到伤害，那种伤心、忧虑，是多少经济利益都补偿不了的。

古代有一副著名的对联："百善孝为先，原心不原迹，原迹贫家无孝子。万恶淫为首，论迹不论心，论心世上少完人。"意思是说，在评判一个人的孝心时，应更注重其内心的动机而非外在的行为表现，假如只以"吃穿用度"是否丰富为标准来判断一个人是否有孝心便失之偏颇。孝顺不仅是物质上的供养或行为上的表现，更重要的是内心的真诚和情感的真挚。在"二十四孝"中，周仲由百里负米，汉文帝亲尝汤药，虽一贫一富，却都是发自内心孝顺父母的体现。古人将家庭关系中的"孝悌"准则延伸至社会领域，使之成为社会交往应遵守的重要原则。而"孝"的内涵也在这一过程中变得愈加丰富。

---

〔1〕 赵春晓：《人民来论：网红光鲜亮丽背后的辛酸该揭开了！》，载人民网，http://www.opinion.people.com.cn/n1/2024/0419/c431649-40219634.html，最后访问日期：2024年9月20日。

思考题

1. 为什么说爱惜自己的身体是孝敬父母的开始?

2. 你怎样看待那些为了博取流量不惜伤害自己的网络主播?

3. 除了物质上的供养,我们在"孝"方面还能为父母做些什么?

三、孝之三层次

孝有三：大孝尊亲，其次弗辱，其下能养。

——《礼记·祭义》

孔子的弟子曾参将孝分为三个层次：最高层次的孝是能使双亲受到社会的尊重，其次是不能让父母蒙受羞辱，最基本的孝才是养活父母。子女要孝敬父母，首先必须做到能够赡养父母。现实生活中，这一点主要体现为应当具备最基本的经济与生活保障能力，如有正当的职业、稳定的经济收入等。如果不学无术、游混打逛，连自己的温饱问题都解决不了，甚至吃喝嫖赌、负债累累，还要连累父母，这样的人连最基本的"孝"的要求都达不到。更有甚者，自己生活富足，但是把父母当作累赘、负担，对父母不管不顾，甚至虐待、遗弃，这样的人不仅达不到孝最基本的要求，甚至会触犯法律，受到严惩。

比赡养父母更高的要求，是不能让父母蒙受羞辱。如果说赡养父母更关注物质层面，那么不使父母蒙羞更多关注的是精神和道德层面。人之所以区别于其他动物，很重要的一点就是我们有更高的精神追求。同样的吃喝活动，动物是出于本能，而人会融礼节、尊严、道义、信仰等文化内容于其中。乌鸦反哺、羊羔跪乳这类动物本能，也被人类赋予"孝顺"的象征意义。

汉朝有一个叫黄香的人，是江夏人。他9岁时就已经懂得孝顺长辈的道理。每当炎炎的夏日到来时，黄香就用扇子对着父母的帐子扇风，让枕头和席子更清凉，同时赶走蚊虫，让父母可以更舒服地睡觉；到了寒冷的冬天，黄香就用自己的身体让父母的被子变得温暖，好让父母睡觉时觉得暖和。后来，黄香的孝行流传到了京城，世人称赞其为"天下无双，江夏黄香"。

xiāng jiǔ líng　néng wēn xí　xiào yú qīn　suǒ dāng zhí
香九龄　能温席　孝于亲　所当执

随着时代的发展，父母辛苦养育子女已不仅仅是为了生命和血脉的延续或者防老，他们更多的是将培养子女成才作为一种重要的社会责任和精神上的寄托与希望，这种精神上的需求远超过物质上的给予和满足。然而如果孩子不走正道，做出违法乱纪的事情，不仅是对父母长期辛勤养育和艰苦付出的否定，更会使父母蒙受巨大的羞辱。不但会使父母在社会、同事、邻里、朋友、亲戚面前抬不起头，还会使父母因孩子的不良行为感到深深的痛悔、对孩子的未来产生无限忧虑。因为自己的不良行为导致父母陷入身心煎熬的状态，从某种意义上讲，这是为人子女最大的不孝了。

孝不仅体现了子女与父母的关系，更体现了家庭与社会的关系。因此曾参认为，最高层次的孝体现在使父母受到社会的尊重。通俗来讲，就是以我为荣、光宗耀祖。在《孝经·开宗明义》中，孔子谈到理想的孝行莫过于建功立业、扬名于后世，使父母亲族荣耀显赫。在古代，光宗耀祖往往是指金科及第、加官晋爵、荣立战功等。随着社会的发展、时代的变迁，尤其在文化、价值观念多元化的今天，评价一个人是否成功的标准也随之多元化。如何做才算成功，如何能使父母受到社会的尊重，已经是个"仁者见仁，智者见智"的问题了。但核心标准是不变的，即在法律允许的范畴内，充分发挥自己的聪明才智，在自己的领域中力争上游。无论什么时候，只要行正道、做正事，尽自己的努力把事做好，我们就是成功的。父母肯定会为我们感到骄傲，并与我们一同受到全社会的尊重。

陈祥榕，福建省宁德市屏南县甘棠乡下山口村人，中国人民解放军某机步营战士，一等功臣。2020 年 6 月在中国西部边陲喀喇昆仑高原加勒万河谷边境冲突中突入重围，营救战友，英勇战斗，奋力反击，毫不畏惧，最后壮烈牺牲。

部队问烈士陈祥榕的母亲家里有没有什么困难，陈祥榕的母亲说："我没有什么要求，我只想知道我的孩子在战斗的时候勇不勇敢。"

有网友将这句话翻译成了文言文："陈母无求，但问吾儿勇否!"

这就是英雄的母亲!

人们常用"自古忠孝难两全"来强调"忠于国"和"孝于家"之间的矛盾性，但是中华优秀传统文化更加强调"家国一体""忠孝两全"的更高道德境界。"陈母问勇"之所以为广大网友所称颂，不仅是因为其展现出陈祥榕烈士用生命保卫祖国的"大忠""大孝"，更让我们看到了英雄的母亲正气凛然、为国育才的"大爱""大义"!

"能养""弗辱""尊亲"是我们为孝的三重境界。天下子女如都能本着为家为国争取荣誉的心志，诚心孝敬父母、约束自身行为、积极奉献社会，则家和国昌、社会和谐便不难实现了。

思考题

1. 请结合自身实际，讲一讲人在不同的年龄阶段，如何体现对父母的孝敬。

2. 请结合文中所举事例或者你了解的例子，谈一谈"忠"与"孝"的关系。

3. 请谈一谈你心中家与国的关系，如何在对社会的贡献中体现"孝"道。

4. 请结合自身成长经历，讲一讲自己做过的最让父母感到自豪的事是什么，你认为自己的父母因何感到自豪？

四、孝在齐家

孝子之事亲也，居则致其敬，养则致其乐，病则致其忧，
丧则致其哀，祭则致其严。五者备矣，然后能事亲。

——《孝经·纪孝行》

在《孝经·纪孝行》中，孔子提出了五项子女平日应当做到的孝行，即孝子在日常家居时，要竭尽对父母的恭敬；在饮食生活的奉养时，要保持和悦愉快的心情去服侍；父母生了病，要心怀忧虑、悉心照料；父母去世了，要竭尽悲哀之情料理后事；先人的祭祀要严肃对待，礼法不乱。这五方面做得完备周到，才算得上尽到了做子女的责任。"敬、乐、忧、哀、严"，看似简单的五个字，实则包含着深邃的道理。那么，在现实生活中，我们应该如何理解与践行这五项要求呢？

平日里应多关心父母

尊老爱幼是中华民族的传统美德，这种认识已经深深镌刻在我们中华儿女的骨髓里、流淌在我们的血液中。那么，怎样才算做到了"孝敬"呢？随着人们的生活越来越富足，对于孝敬父母，许多人认为给钱给物、不缺吃喝就算尽孝了，这其实是陷入了一个误区。对于这样的错误认识，孔子在《论语·为政》中进行了犀利的批评："今之孝者，是谓能养。至于犬马，皆能有养，不敬，何以别乎？"意思是说，现在的所谓孝，就是说能够养活父母便行了。可是如果不心存敬意地服侍父母，那养活父母和饲养狗马又有什么分别呢？绝大多数老年人缺少的不是物质上的奉养，他们害怕孤独，渴望与子女沟通交流，获得精神上的关心与安慰。近年来，"空巢老人"的相关报道日益增多，国家甚至以

法律形式规定了子女应当常回家看看，也凸显出社会对老年人家庭生活与精神状态的重视。

践行孝道，物质层面的供养只是最基本的，更应从生活中的点滴做起，重视精神上的理解、尊敬和关心。在《二十四孝》中有个"涤亲溺器"的故事，讲的是北宋著名诗人、书法家黄庭坚，虽身居高位，侍奉母亲却竭尽孝诚。每天晚上他都亲自为母亲洗涤溺器（便桶），没有一天忘记履行儿子应尽的职责。古人尚且如此，对现代人来说，在孝敬父母方面可做的就更多了，如节假日一个问候的电话，生日一声温暖的祝福，陪父母聊天、逛街、看戏、旅游等，都会使父母更加切身感受到亲情的温暖。有些人可能对此不屑一顾，认为上面列举的事情过于简单。但就是这样简单的行为，可能很多人都做不到。也许有人会找借口说工作太忙了、事情太多了、带孩子太累了，或者告诉自己改天再说吧，少这一次也没关系。殊不知钱没了可以再赚、钱少了可以多赚，而父母精神上的慰藉是多少钱都买不到的，不要等到"子欲养而亲不待"[1]时。那种痛悔与遗憾是我们一辈子都无法弥补的。

孔子到了齐国，途中听到有哭声，哭声听起来十分悲伤。孔子对他的仆人说，此哭声虽是悲哀，但不像是家有丧事的那种悲哀。然后赶车继续向前走，走了一段短路，见到有个与常人不同的人，怀里抱着镰刀，头上系着白色的带子，哭的样子却不甚悲哀。孔子下车，追上去问道，你是什么人？那人回答，我叫丘吾子。孔子问，您现在并不是在办丧事的地方，为何会哭得这样悲伤呢？丘吾子哽咽着说道，我一生有三个过失，可惜到了晚年才觉悟到，但已经追悔莫及了。孔子便问，您的三个过失，可以说给我听听吗？希望您能告诉我，不要有所隐讳。丘吾子悲痛地说，我年轻时非常喜欢学习，到处寻师访友，等我周游各国回来后，我的父母却已经死了，这是我的第一大过失；我长期侍奉齐国君王，然而君王骄傲奢侈，丧失民心，我的理想和节操不能得到实现，这

---

〔1〕（西汉）韩婴：《韩诗外传》卷九："树欲静而风不止，子欲养而亲不待。"

是我的第二大过失；我生平很重视友谊，可到头来，过去的朋友离散的离散，死亡的死亡，再也见不着了，这是我的第三大过失。接着，丘吾子又仰天长啸，树木想要静下来，而风却刮个不停；儿子想要奉养父母，可父母却不在了。过去了永远不会再回来的，是时间啊；我再也不能见到的，是父母啊！孔子听后，很感慨地对弟子们说，你们应当记着这件事，它足以使我们引以为鉴啊！从此以后，孔子的学生离开孔子回家奉养父母的达十三个之多。[1]

应以奉养父母为乐

这里主要强调的是子女与父母相处时的态度问题，即应该心存欢愉、快乐地奉养他们，而非不情不愿地去尽义务。《论语·为政》中，孔子在谈到孝道时曾感叹："色难。"即子女在父母前经常有愉悦的容色，是件难事。现实生活中，老人见到孩子时的喜悦和疼爱，往往是发自内心、难以掩饰的。而不少子女见了家长，则是"一脸官司"，说话爱答不理，问一句回一句，稍微多问几句就很不耐烦。要是有一天态度180度大转弯，十有八九是没有生活费了，或者是有求于父母。这样强烈的对比怎能不让人心寒？如果我们仅仅重视物质上的供养，或者虽然有照顾父母的行动，而内心缺少对父母的爱，心怀抱怨、嫌弃，甚至装模作样，借"孝顺"捞取好处，自然无法全心全意孝敬父母。

一对母子并肩坐在院子里的长椅上，风华正茂的儿子在看报纸，这时院里飞来一只麻雀，母亲若有所思地问："那是什么？"儿子回答："那是一只麻雀。"

母亲连续问了三遍"那是什么？"儿子很不耐烦，当母亲又问出第四遍时，儿子终于愤怒："你到底要干什么，我已经说了这么多遍了，

---

[1]《孔子家语·致思第八》。

你难道听不懂吗?"

母亲没吱声,转身回屋拿出一个多年前的记事本,指着一段话让儿子念。那段话是说母亲带着儿子在外面玩儿,忽然看到一只麻雀,儿子足足问了她21遍那是什么,而母亲也耐心地回答了21遍,她并没有不耐烦,而是觉得儿子天真可爱。

在亲情中,我们似乎疼爱孩子更甚于疼爱父母,对自己孩子的耐心也比给予父母的耐心更多。

心中有爱,必定会给予父母更多的耐心,脸上自然会拥有笑容。比物质方面的富足更重要的是,要给父母带来快乐。

春秋时期楚国有个隐士叫老莱子,70多岁,十分孝顺父母,每天用最好的饮食供奉双亲。为了哄父母开心,他常穿着五色彩衣,手持拨浪鼓像小孩子一样戏耍,让父母觉得自己仍不老。一次,他为父母送水,进屋时跌了一跤,他怕父母担心,索性躺在地上学小孩哭,两位老人以为他是故意跌倒的,于是哈哈大笑。"彩衣娱亲"也成为流传千古的孝道典范。

中国的父母大多都"望子成龙,望女成凤",做子女的虽不可能都成为"龙凤",但只要走正道,各个方面都尽力做到最好,父母就会很欣慰、很高兴。这个要求并不苛刻,我们每个人只要有心并愿意努力就都能够做到。

应悉心照顾病中的父母

这是比较容易理解的，也是容易做到的。父母患病，孝顺的孩子肯定心中忧虑，常侍奉左右，悉心照顾。何谓悉心照顾？《弟子规》对此有具体阐述："亲有疾，药先尝，昼夜侍，不离床。"当父母有了疾病，熬好的汤药，做子女的一定要先尝尝是否太凉或太热；无论是白天还是夜晚，子女都应该侍奉在父母身边，不可随意离开太远。中国历史上这样的例子不胜枚举，汉文帝刘恒以仁孝闻名天下，侍奉母亲从不懈怠。母亲卧床三年，他常常目不交睫，衣不解带。母亲所服的汤药，他亲口尝过后才放心让母亲服用。开国元帅陈毅虽然公务繁忙，仍不忘为半身不遂的母亲洗尿裤，这些例子都值得我们学习。父母重病时，最需要有人照顾，尤其是子女能够在身边陪伴照顾起居，这是父母最感温暖与满足的。但也并不是说子女一定要亲自照顾父母才算孝顺，只是再好的医疗条件与养老环境，都比不上儿女一声关切备至的问候、一碗亲自端来的饭菜、一勺亲手喂下的汤药。亲情的陪伴与关注是不可替代的。

父母过世内心极尽哀恸

父母去世，做子女的必定非常痛苦。怎样做才算"丧则致其哀"呢？《弟子规》中讲道："丧三年，常悲咽。居处变，酒肉绝。"意思是当父母不幸去世，必定要守丧三年，守丧期间，因为思念父母常常悲伤哭泣，自己住的地方也要更加朴素，并戒除喝酒、吃肉等生活享受。为什么要这样做呢？孔子解释说：孩子生下来三年之久，才离开父母的怀抱，能够自己行走吃喝，让父母稍稍松一口气。做子女的，在父母去世后，为什么就不能在三年的丧期中时时刻刻想念父母呢？守丧时间长短、居室简朴与否、能否戒除酒肉等都是"致其哀"的外在表现形式。现代人未必要刻板遵守，因为个人情况有所不同，不必拘泥于悼念的形式，能做到心怀感恩、常思父母便已足够。

应怀着敬仰的心纪念过世的父母

对逝去长辈的敬重体现在行动上就是：祭祖、上坟、扫墓都应庄严、肃穆，不可随便，流于形式。

人生在世，父母与子女最亲，对子女的恩情也最重。努力学习侍奉父母的礼节，把孝道当成个人修养学习践行，才能有资格立足于天地之间。父慈子孝，不一定会让我们家境富裕、飞黄腾达，但是，多行孝道、常怀感恩可以使个人培养良好的品德，使家庭环境祥和安逸。家，如果是一个人内心的城堡，孝行，便是构建城堡的一块块基石。社会的和谐离不开无数家庭的和谐，而这份和谐蕴藏在你我每一个人的孝行之中。

思考题

1. 日常生活中，我们如何用实际行动体现孝道？

2. 请结合具体事例，讲一讲多行孝道与培养良好品德之间的关系。

五、孝于社会

> 事亲者，居上不骄，为下不乱，在丑不争。居上而骄则亡，为下而乱则刑，在丑而争则兵。三者不除，虽日用三牲之养，犹为不孝也。
>
> ——《孝经·纪孝行》

孔子认为：用心侍奉双亲的人，身居高位者不应骄傲恣肆；为人臣者不应犯上作乱；百姓则不应相互争斗。如果身居高位而骄傲恣肆，就会灭亡；为人臣下而犯上作乱，就会受到刑戮；百姓争斗不休，就会相互残杀。也就是说，这三种行为不仅有违孝道，而且会使自身走向毁灭。孔子最后说，如果这三种行为不能去除，即使天天用备有牛、羊、猪三牲[1]的美味佳肴奉养双亲，也不能算是行孝啊！

孔子讲这段话，其实是告诉我们家庭生活中的孝道对社会生活的重要性。为此，他将社会成员分为上、下、丑三大类，针对他们最可能出现的问题加以阐述。

居上者，指身居要职、掌握较大权力的人。他们如果不注重提高自己的道德修养，没有将"孝"的基本准则延伸至社会生活，就会为了获得不当利益而丧失底线，滥用手中的权力，最终导致严重的后果，如有的司法官员枉法裁判、颠倒黑白，将有罪者判为无罪，使其逍遥法外，继续危害社会；有的市政官员收受贿赂，在工程验收过程中无视隐患，放任路毁桥断、楼倒人亡的恶性公共安全事故发生；还有的企业管

---

[1] 三牲：牛、羊、豕。旧俗一牛、一羊、一豕称为"太牢"，是最高等级的宴会或祭祀标准。

理者为了降低成本、获取高额利润，置消费者的身体健康于不顾，以次充好，在产品中添加有毒、有害物质，造成恶劣的社会影响。这些人也许暂时获得了高额利益，但"法网恢恢，疏而不漏"，他们或早或迟都会为此付出惨重的代价。用非法获得的钱财供养双亲，看似尽孝，实则将父母拖入了焦虑、担忧的深渊。

为下者，古代泛指有一定职责的人。不论在何种岗位上，都应谨守法律、遵守秩序，不能做违法乱纪的事情，否则就会受到法律的严厉制裁。比如新闻中经常报道的开斗气车、醉酒驾车等违法犯罪问题，许多司机就是因为一时赌气或心存侥幸，不惜违反交通法规，一旦造成交通安全事故，不仅伤害了他人，还导致自己锒铛入狱，使家庭背上沉重的负担，也使父母遭受沉重的精神打击。可见，遵纪守法是我们的基本行为准则，任何时候都不可逾越。我们要时刻提醒自己，违法犯罪不仅害人害己，还会使父母蒙羞，给他们带来深深的伤害。

在丑者，古代主要指普通百姓。应当和睦邻里、谨言慎行、恪守本分。如果逞勇好斗、恃强凌弱，为了一点小事便大打出手，甚至结成团伙，欺行霸市、打架斗殴、为害乡里，这样的人，最终的结果只有一个，那就是受到法律的严惩。要避免这样的结果，就必须加强自身的道德修养，老老实实做人，认认真真做事，做到对自己负责，才有资格称得上对父母尽孝。

在社会上，每个人扮演着不同的角色，发挥着不同的作用。社会规则看似纷繁复杂，其实非常简单。只要我们每个人将家庭生活中的"孝"放大到社会层面，安分守己做人做事、至忠至诚对人对事，不一定能大富大贵，亦能远离纷争，平安一世。

思考题

1. 你认为哪些家庭准则和社会准则是相通的？为什么？

2. 你认为家庭应具备的哪些品德对社会的正常运行至关重要，为什么？

3. 结合自身成长经历，请讲一讲家庭给予你最宝贵的东西是什么，又如何影响了你。

六、愚孝之误

事父母几谏，见志不从，又敬不违，劳而不怨。

——《论语·里仁》

对父母尽孝，并不意味着子女要对父母百依百顺、唯命是从。对于父母的错误，我们也要敢于指出，善于规劝。孔子说："事父母几谏，见志不从，又敬不违，劳而不怨。"意思是说，子女侍奉父母，假如父母有过错，要委婉地规劝。如果父母不听劝，应当照常恭敬，不能违逆，且看时机再行劝谏。虽然操劳而忧心，也不能对父母产生怨恨之心。

在《孝经·谏诤》中，曾子就类似的问题请教过孔子。曾子说，请问老师，做子女的只要听顺于父亲，就能算得上孝吗？孔子说，这算什么话呢！天子身边如果有几位敢于直言劝谏的大臣，天子即使无道，也不至于失去天下；诸侯身边如果有几位敢于直言劝谏的大臣，诸侯即使无道，也不至于亡国；大夫身边如果有几位敢于直言劝谏的家臣，大夫即使无道，也不至于丢掉封邑；士身边如果有敢于直言劝谏的朋友，那么他就能保持美好的名声；父亲身边如果有敢于直言劝谏的儿子，那么他就不会陷入错误之中，做出不义的事情。所以，如果父亲有不义的行为，做儿子的不能不去劝谏。如果君王有不义的行为，做臣僚的不能不去劝谏；面对不义的行为，一定要劝谏。做儿子的仅能够听从父亲的命令，又哪里算得上孝呢！

"孝"的内涵十分丰富，但是在谈到子女的孝行时，人们经常会说"顺者为孝"这样的话。如果父母所说的是正确的，我们自然应当顺从；如果父母所说的是不正确的，我们仍然顺从岂不是错上加错吗？在日常生活工作中，不论是父母、兄弟姐妹还是朋友、同事、上下级之间，当看到对方的优点时，我们要赞扬、要学习；当看到对方的过失时，我们要怀着真诚的心，用适当的语言、和蔼的态度来劝诫他们改正过失。看到别人的优点并给予鼓励，这对双方的品德都有益处；看到别人的过失而不加规劝，于己于人在道义上都是一种亏损。

合理的孝，是建立在双方人格平等的基础之上的。父母不可能永远正确，父母与子女之间产生分歧时，应该尽量多沟通、多讨论，即使双方暂时不能达成一致，也应有保持自己观点和意见的权利。当儿女不对时，父母自然有教育劝阻的权利和责任；而当父母不对时，子女同样可以提出批评，尤其看到父母做违心乃至违法的事情时，子女更应该及时劝阻，而不应眼睁睁地看着父母身陷不义，一旦事情到了不可挽回的地步，后悔也来不及了。

元觉劝父

古时候有个孩子叫孙元觉，从小孝顺父母、尊敬长辈，可他父亲对祖父却极不孝顺。

一天，他父亲忽然把年老病弱的祖父装在筐里，打算拉到深山里扔掉。孙元觉拉着父亲，跪着哭求父亲不要这样，但父亲不理。他猛然间灵机一动，说："既然父亲要把祖父扔掉，我也没

办法，但我有个要求。"父亲问什么要求，他说："我要把那个筐带回来。"父亲不解道："你要这个干什么？""因为等你老了，我也要用它把你扔掉。"

父亲一听，大吃一惊："你怎么说出这种话！"孙元觉回答："父亲怎样教育儿子，儿子就会怎样做。"父亲想了想，就没再按以前的想法去做，赶紧把老人接回家赡养。

"君子和而不同，小人同而不和。"孔子说：君子用自己的正确意见来纠正别人的错误意见，使一切都做得恰到好处，却不盲从附和。小人只是盲从附和，却不肯表达自己的不同意见。对待父母的过错能够积极规劝的，面对社会其他人的过失也敢于发表不同意见。"孝子"和"君子"的称谓强调的是社会身份的不同，但是在道德上是相通的。

"孝悌"，简单的两个字，其内涵博大而深邃，这既是我们中华传统文化的魅力所在，也是我们每一个人应该学习和践行的。"孝悌"伴随中华文化绵延数千年，也会在未来的社会发展中发挥难以替代的作用。孝于个人、孝于家庭、孝于社会、孝于国家的意义不同，表现也不同。但有一点是可以肯定的，那就是一个人只有做到了"孝"，才能在道德上获得立足于社会的基本资格。

思考题

1. 我们应该如何看待父母的错误，遇到这样的情况我们应该怎么办？

2. 有人说，有人通过伤害自己的方式展现孝道，是"愚孝"的表现，因此不值得学习。你怎么看待这样的说法？

3. 请结合具体事例，讲一讲"孝悌"文化对社会发展的重要作用。

推荐书目

1.《至德要道：儒家孝悌文化》，舒大刚，山东教育出版社 2020 年版。

2.《弟子规·孝经易解》，一心不二堂编，世界知识出版社 2010 年版。

推荐电影

1.《孝女彩金》（2012 年），周勇执导。

2.《红尖尖》（2021 年），曾晓欣执导。

第二篇

修身

　　儒家把修己、正身作为立身处世、实现人的价值的基础和根本。"自天子以至于庶人，壹是皆以修身为本"。在我们这个拥有五千多年历史的文明国度，重视修养的传统，培养了中华民族践履道德的自觉性与主动性，造就了无数品德高尚的仁人志士，值得我们认真学习与传承。

【阅读提示】

1. 了解修身对于一个人成长的重要作用。
2. 懂得修身对个人、家庭、社会的重要意义。

一、心为身之主

人心有真境，非丝非竹而自恬愉，不烟不茗而自清芬。

——《菜根谭》

生活在同一片天空下的人，为什么有的会成为君子，而有的却是小人呢？

同样的问题，公都子也曾求教于孟子。孟子回答说，重视身体重要器官需要的，是君子；追求身体次要器官欲望的，是小人。公都子接着问：同样是人，有人重视重要器官的需要，有人只想满足次要器官的欲望，这又是为什么呢？孟子回答说：耳朵、眼睛这类器官不会思考，一旦与外界事物接触，容易因被外界事物蒙蔽而被引向迷途。所以，耳朵、眼睛不过就是一个物体罢了。我们是用心来思考的，比如人的善良本性，思考便得到，不思考便得不到。这是上天赋予我们的独特能力，我们应当

像重视"心"这样的重要器官一样，首先确立并专注那些重大、根本的原则和道理，如此一来，那些次要、琐碎的事情就无法干扰我们的心智，成为君子便具备了前提。

孟子的回答强调了"心"对提升一个人修养的重要性。那么，如何理解这个"心"的含义呢？在中华文化中，"心"这个字，包含有形的"心"和无形的"心"两层意思。有形的"心"，指的是人的心脏，它是促进血液循环的器官，作为器官，它与耳朵、眼睛一样，没有意

识，无法产生思想。无形的"心"，指的是人的思想意识，它是思想、观念的源泉，能够引导人们做出相应的行为，是人外部行为的主宰。清代名医徐大椿在《内经诠释》中强调了"心"的两重性："心者，君主之官焉，心为一身之主，脏腑百骸，皆听命于心，故为君主。神明出焉，心藏神，而主神明之用。"

中华传统文化强调"修心"是"修身"之根本。"修身"重在"修心"，而对"修心"来说，最重要的就是要学会控制自己的欲望。古人云："心逐物为邪，物从心为正。"意思是说，一个人如果不能端正自己的内心，一味地追求外界事物满足内心私欲，就会违背心灵纯洁、清净的根本；相反，如果外界事物是随着内心的仁德、智慧而被善用，便可成就圆满的人生，这才是做人的关键。

在印度的热带丛林里，人们用一种奇特的狩猎方法捉猴子：在一个固定的小木盒里面装上猴子爱吃的坚果，盒子上开一个小口，刚好够猴子的前爪伸进去，猴子一旦抓住坚果，爪子就抽不出来了。

这个方法在捉猴子的过程中屡试不爽，因为人类认识到猴子的一种特殊习性，那就是不肯放下已经抓到手里的东西。我们总会嘲笑猴子的愚蠢：为什么不愿松手放下坚果逃命呢？但回头审视一下我们自己也许就会发现，人类往往会犯与猴子同样的错误。在日常生活中，人们内心的欲望往往容易被外界事物左右。比如对名利的追求、对美色的贪恋等，"恶恶臭，好好色"是人之本性，本无可厚非，但需要使用正当的途径。但是有些人可能会急功近利，采取种种不合理的方法侥幸谋取，甚至铤而走险、违法乱纪。这样的做法虽然获得了一时的快感与满足，但不会持久，有的甚至要付出自由与生命的代价，这就得不偿失了。古人云："心为形役，尘世马牛；身被名牵，樊笼鸡鹜。"意思是说：如果心灵成为形体的奴隶，那就像活在人间的牛马；如果人被名声束缚，那就像笼中的鸡鸭一样没有自由。

春秋战国时期，公孙仪在鲁国做相国。鲁国人知道他爱吃鱼，就争相买鱼想送给他，但都被公孙仪拒绝了。他的弟子问他：您爱吃鱼，却不愿接受大家的馈赠，为什么呢？公孙仪回答：正是因为我爱吃鱼，才不能接受。假如收了别人送的鱼，一定会迁就别人，一旦迁就别人就可能徇私枉法，徇私枉法就会被罢免相位。到时候想吃鱼，别人也不会给我送了。不收别人送的鱼，就不会徇私，相位也可以保住。靠自己就能吃到鱼，为什么要收别人的呢？

公孙仪虽有吃鱼的爱好，但其内心更加明白眼前利益与长远利益孰轻孰重，因此克服了美食的诱惑，也使自己的相位更加稳固。

"修心"的目的在于保持心灵的平实和纯净。我们无法要求每个人都拥有"先天下之忧而忧，后天下之乐而乐"的广阔胸襟，或养成"宠辱不惊，闲看庭前花开花落；去留无意，漫随天外云卷云舒"的淡定心境，但我们可以做到"知足常乐"。老子曾说："祸莫大于不知足；咎莫大于欲得。故知足之足，常足矣。"[1] 一个人知道满足，就能保持快乐的心境，有利于身心和谐。如果贪得无厌，永远不知满足为何物，就会时时感到焦虑不安，在欲望和失望中生出无穷的痛苦。有了一万想两万，有了两万想五万，然后十万百万千万妄想下去……殊不知欲望早已超出了自己的能力，一些人甚至为满足难填的欲壑而铤而走险，不惜走上犯罪的道路，最终身败名裂。古今中外，这样的例子数不胜数，如何不让人心生感叹。

《论语·颜渊》篇中，孔子所强调的"非礼勿视，非礼勿听，非礼勿言，非礼勿动"，对于今天的我们依然有深刻的教育意义。面对花花

---

[1] 《道德经·天下有道》。

世界、无数诱惑，只有坚定自己的意志，远离违法乱纪的人和事，老老实实做人，踏踏实实做事，才能做自己身心的主宰者，做自己人生的缔造者。"心中常存祥和之气，境缘自有万物逢春"！

思考题

1. 有人说，趋利避害、确保生存本就是人的本能，因此强调丰富物质生活享受是无可厚非的。你怎样看待这种观点？

2. 请结合自身实际谈一谈，我们应当如何强大自己的内心，更好地抵御外界的不良诱惑？

3. 请讲一讲"知足常乐"与"生命不息、奋斗不止"之间的关系？

二、改过为大善

过而不改，是谓过矣。

——《论语·卫灵公》

《左传》中讲到："人非圣贤，孰能无过。知过能改，善莫大焉！"在日常生活中，我们每个人都难免会犯这样或那样的错误，只有做到知错能改，我们才会逐渐进步。一个人就是在知错改错的过程中成长起来的。《论语·子张》中讲："君子之过也，如日月之食焉。过也，人皆见之；更也，人皆仰之。"意思是说，君子要谨言慎行，严格要求自己，犯错就要敢于承认，勇于改正，人们依旧会信任你、尊敬你。李颙在《四书反身录》中也谈到："吾人果立心欲为君子，断当自知非，改过始；若甘心愿为小人，则文过饰非可也。"不怕一个人犯错误，怕的是有错误却不敢承认、不愿改正。在现实生活中我们经常能看到，一些人往往特别关注他人的缺点和错误，对自身的不足却视而不见。甚至面对别人的提醒时，还总是为自己的行为寻找各种借口，不肯正视并改正自己的错误。

"人不改过，多是因循退缩，吾须奋然振作，不用迟疑，不烦等待……。"意思是说，当一个人需要改正自己过失的时候，不可以迟延拖拉，畏缩不前。小的过失，就如同小刺扎在肉里，要迅速挑出；大的过失，就好像毒蛇咬了手指，当毒液不能挤出时，为了保住性命，应立即将手指砍断，以绝后患，免于死亡。所以那些有道德、有智慧的人，能够做到"闻过则喜"，在问题刚有苗头时，就将邪恶、灾祸的萌芽彻底根除，做到未雨绸缪、防微杜渐。人们只有及时发现自身的错误并加以改正，才能确保自身健康发展、事业有成。

月攘一鸡

古时候有个十分懒惰的人，靠偷鸡摸狗维持生计。有个好心的邻居劝告他：你到处偷人东西，闹得人家鸡犬不宁，这可不是好人的行为啊！那人听了，想了想说："那么，从今天开始我就少偷一点，每天一次改成每个月一次，等到明年我就不干了。"邻居听他这样说，摇了摇头："你明明知道这样做是错误的，就应该马上停止，为什么还要等到明年呢？以为减少数量就能减少自己的错误吗？你的恶习看来是改不掉了！"

认识错误、改正错误的关键是什么呢？所谓"知耻为改过之要机"。拥有廉耻之心是一个人认识错误、改正过失的关键。如果一个人对自身的自私、贪婪、懒惰、嫉妒、奢侈、傲慢等行为，没有一丝一毫的羞耻，必将自食其果，身败名裂。能够改正过失的人，其内心先要具备廉耻之念。同样是人，那些古圣先贤为什么能够流芳百世，成为人们的模范表率？为什么有些人却碌碌无为，甚至身败名裂？这是因为他们沉迷于满足自己的种种私欲，得意于非法获取的种种私利，暗地里做了许多违背道义、违反法律的事，自以为无人知晓，心存侥幸而不知惭愧，更不知悔改。可见，廉耻之心是我们改过进步的首要前提。所谓"知耻近乎勇"，勇于承认错误就已经成功了一半。

改过迁善既是途径，也是目的；既是方法，也是效果。善的灌输与恶的排除同步进行，改正过错与律己正心相互作用，既知何为对，更知何为错。尤其对于曾经有过重大罪错的人，改过迁善的意义就更为重要。古人云："盖世功劳，当不得一个矜字；弥天大罪，当不得一个悔字。"民谚有云"浪子回头金不换"，历史上的无数事例证明了这些说法的正确性。

周处除三害

东晋时江苏宜兴，有一个强横少年，名叫周处，由于他凶横无比，人们又恨又怕，将他与当地山上吃人的猛虎和河里凶残的恶蛟相提并论，称为"三害"。周处知道后，想改变自己的形象，主动与乡亲父老商量，要杀猛虎和恶蛟。杀死猛虎后，他又下河杀蛟，徒手与蛟龙搏斗，三天三夜之后，血水把河面都染红了。人们以为周处死了，欢呼雀跃。谁知周处此时却杀了蛟龙回到乡里。他本因除掉了蛟龙猛虎欣喜若狂，没想到回到乡里却看到人们为他死去而庆贺的场面，他真是难过极了。于是他向当时著名的文人陆机、陆云兄弟说出了心中的苦闷。他说："我现在十分痛悔以前的所作所为，只怕是自己年纪越来越大了，改也来不及了！"陆云对他说："古训有言，早晨能认识真理，就算晚上死了，也无所遗憾。认识错误。改正错误没有早晚的区别。一个人只怕不立志，哪里有发奋做人而一事无成的道理？更何况你风华正茂，前途还很远

大！"周处听了以后，回去潜心习武，刻苦读书，终于在朝廷谋得了一官半职，后来一直做到御史中丞，成为国家的大将，并在抵抗外族入侵的斗争中以身殉国，成为受人敬仰的英雄。

古人云："过而不改，是谓过矣"。对待曾经的错误，我们不能害怕，也不要总是抱有后悔与烦恼的情绪。当一个人因为犯错而感觉愧疚时，同时也应该是欣喜的、自豪的，因为他已经迈出了反思错误、战胜自己的重要一步。

思考题

1. 请结合自身实际谈一谈，为什么说"知耻"是改过的首要条件？

2. 你曾为改正过错制订过相关计划吗？你认为改正过错应当分为几个步骤？

3. 从"周处除三害"的典故中，我们应当学会哪些道理？

三、忍非压抑

夫唯不争，故天下莫能与之争。

——《道德经》

谈到"忍"字，人们经常会说："心字上面一把刀。"这种说法非常形象地道出了"忍"是一个痛苦与艰难的过程。在中国的文化传统中，忍耐代表着一种眼光和度量，学会忍耐，能够摆脱人与人之间无意义的纠缠和不必要的争吵，也是让时间和事实来证明自己的有效方式，是社会交往中的一种美德。

古人云："若以诤止诤，至竟不见止，唯忍能止诤，是法可尊贵。"意思是说：假如用争辩的方法来制止争辩，即使争到最后，也不能停止；只有用忍让和忍耐的方法，才能终止争辩，这种方法是最值得人们尊崇和重视的。

战国时，赵惠文王因蔺相如出使秦国有功，拜蔺相如为上卿，官位在将军廉颇之上。廉颇因此心中不快，很不服气，扬言要当面羞辱蔺相如。蔺相如得知这一消息后，不愿和廉颇争位次先后，便处处留意，避让廉颇。

有一次，蔺相如乘车外出，远远望见廉颇的车子迎面而来，他急忙叫下人把车赶到小巷里避开。蔺相如的门客便以为蔺相如害怕廉颇，非常气愤。

蔺相如对他们解释说："依你们看来，是廉将军厉害，还是秦王厉害？"门客们说："当然是秦王厉害了。"

蔺相如说："对了，秦王这样威焰万丈，我却在朝堂上斥责他，羞辱他的臣子们，难道我就单独害怕一个廉将军吗？秦国之所以不敢对赵国用兵，正是因为有廉将军和我两个人在，如果我们二人内斗，必然于国家不利，这不是正合了秦国的心意吗？我对廉将军一再退让，正是以国家利益为重，把私人恩怨抛在脑后啊！"

蔺相如这番话使他的门客极为感动，他手下的人也学习蔺相如的样子，对廉颇手下的人处处谦让。

此事传到了廉颇耳中，廉颇被蔺相如如此宽大的胸怀深深感动，觉得十分惭愧。于是他脱掉上衣，在背上绑了一根荆杖，亲自到蔺相如家负荆请罪，并惭愧地说："我是个粗陋浅薄之人，真想不到将军对我如此宽容。"

蔺相如见廉颇态度真诚，便亲自解下他背上的荆杖，请他坐下，两人坦诚畅叙，从此誓同生死，成为至交，共同为国效力。蔺相如以国家利益为重，忍辱负重，使大将廉颇"负荆请罪"，"将相和"的典故为历代人们所传颂。

忍耐不是嫉恨和报复。一些人受到别人的压制、排挤、毁谤、侮辱时，往往会在心里产生这样的念头：有朝一日等我得志时，一定会用比你对我更狠的方法来对待你，让你也尝尝这种滋味。这样的忍耐只是为了怨恨与报复，对问题的解决、和谐人际关系的建立是没有任何好处的。古人云："报复之心，常随灾祸。"当一个人对曾经批评自己或损害自己利益的人产生报复的想法时，往往会给自己和他人带来灾难和祸患。

庞涓与孙膑为同窗，二人一起拜师学习兵法。庞涓后来出仕魏国，担任魏惠王的将军，但是他认为自己的才能比不上孙膑，于是暗地派人将孙膑请到魏国加以监视。孙膑到魏国后，庞涓嫉妒他的才能，于是捏造罪名将孙膑处以膑刑和黥刑，砍去了孙膑的双足，孙膑靠装疯逃过一死。后来齐国使者出使魏国,偷偷地将孙膑救回齐国。

公元前 354 年,魏惠王派大将庞涓前去攻打中山。庞涓认为中山不过弹丸之地,距离赵国又很近,不若直打赵国都城邯郸。魏王从之,以庞涓为将,直奔赵国围了赵国的都城邯郸。赵王急难中只好求救于齐国,并许诺解围后以中山相赠。齐威王应允,令田忌为将,并起用从魏国救得的孙膑为军师领兵出发。田忌想直接解救邯郸,孙膑制止说:"解乱丝结绳,不可以握拳去打,排解争斗,不能参与搏击,平息纠纷要抓住要害,乘虚取势,双方因受到制约才能自然分开。现在魏国精兵倾国而出,若我方直攻魏国,庞涓必回师解救,这样一来邯郸之围定会自解。我们再于中途伏击庞涓归路,其军必败。"田忌依计而行。果然,魏军听闻齐国发兵魏国,急忙离开邯郸回国,在回师途中遭遇齐军埋伏。魏军部卒长途疲惫,溃不成军,庞涓勉强收拾残部退回大梁,齐军大胜,赵国之围遂解。这便是历史上有名的"围魏救赵"的故事。十三年后,齐魏之军再度相交于战场,庞涓复又陷于孙膑的伏击,自知智穷兵败遂自刎而死。

忍耐是宽容和反省。古人云:"人之谤我也,与其能辩,不如能容;人之侮我也,与其能防,不如能化。"意思是说:"当别人诽谤我们时,与其据理力争地辩解,不如用胸怀去包容他;当别人侮辱我们时,与其想方设法去防范他,不如用智慧去转化他。""包容靠心胸,转化靠智慧",这才是真正的忍耐。当遭受别人的侮辱、谩骂、指责、诋毁时,我们首先要做的是反躬自问,应审察自己的言行是否符合礼,是否冒犯他人,而不是"骂回去",这样对解决矛盾毫无益处,只会使矛盾激化。

一时冲动酿命案

刘某与老公向某在长寿区开了一家门店。日前,刘某收到一个陌生

QQ好友发来的不雅图片信息，两人都很气愤，但由于不知对方是谁也无计可施。

事发当日，门店打烊后，刘某站在旁边餐馆处等向某，无意中发现餐馆内吃饭的几人正对着她指手画脚，还隐约听到"就是这个女的"之类的话。刘某顺理成章将此段对话与陌生QQ好友所发信息联系在一起，遂立即上前抓住其中一人与之理论，向某赶到，见此状况，与男子余某扭打起来。与余某同桌吃饭的邱某、柯某、徐某立即上前帮忙一同追打向某。事后，向某因不服被打，邀约多人到餐馆找男子余某等人，双方再次发生肢体冲突。邱某为吓唬对方，从厨房拿出一把菜刀，错手将向某左边颈部砍伤。当晚，向某送医院抢救无效死亡。

案发后，邱某、柯某、余某、徐某先后到派出所自首。

据邱某交代，当晚吃饭时，看到站在店外等候的刘某有些眼熟，便对大家说"就是这个女的"，让其余几人帮忙回忆一下，没想到就是这句话引来误会，酿成悲剧。[1]

"世出世事，莫不成于慈忍，败于忿躁。"事业成功往往源于人们心怀仁爱，善于忍受一切艰难困苦的良好品行。而失败往往与一个人的愤怒、怨恨、性情暴躁等情绪息息相关。俗话说"事业败在情绪上"，不仅是事业，人生的幸福灾祸也都与情绪密切相关。

"莫大之祸，皆起于须臾之不忍，不可不谨。"人们往往因忍耐而获得事业的成功，却在功成名就之后因为不懂谦逊、忘记忍耐而导致事

〔1〕 曹鎏、蒋青琳：《一句闲言引误会酿血案1人身亡4人被刑拘》，载 https://www.chinacourt.org/article/detail/2013/04/id/938702.shtml，最后访问日期：2014年9月20日。

业失败甚至招致杀身之祸。不同的选择导致不同的人生结局，这种对比在西汉开国名将韩信与谋士张良的身上体现得十分明显。

韩信在没有成功前常常受到地痞流氓的欺辱，为避争端，从他人胯下爬过，忍受了巨大的屈辱。但偏偏就是这名年少时能够忍辱负重的人才，最后却因张狂自大而招致杀身之祸。

在刘邦和项羽"楚汉相争"的战争中，刘邦经常吃败仗。汉三年（公元前204年），刘邦兵败，被项羽围困在荥阳。此时，作为刘邦大将的韩信自领一军，北上作战，捷报频传，连续攻下魏、代、赵等诸侯国，最后又占领了齐国全境，达到人生事业的辉煌时期。本该无条件救护刘邦

的他，被暂时的胜利冲昏了头脑，竟然派人要求刘邦封他为"代齐王"，颇有些趁势挟持的意思。本已焦头烂额的刘邦，被韩信要挟后，当即勃然大怒，破口大骂，杀意顿起，在谋士张良的劝说之下才平息怒火，勉强立韩信为齐王，并征调韩信的军队参战，使汉军由劣势转为优势。韩信急于称王的做法引起了刘邦的猜忌。后来在与刘邦讨论兵法时，韩信评价刘邦可以带领十万兵士，当刘邦询问韩信能带多少兵时，他表示"韩信带兵，多多益善"，狂妄的态度使刘邦对他再次心生不满。在一次外出征战时，刘邦为防止韩信借机叛乱，设计将其杀死。

张良本出身于贵族世家，身负家国沦亡之痛，曾立志行刺秦始皇，光复故国河山。后辅佐刘邦，帮助刘邦战胜项羽，最终夺得天下。张良为大汉帝国的建立做出了重要贡献，立下不朽功勋。面对刘邦给予的三万户的封赏，张良选择了婉拒。此后，张良以体弱多病为由，深居简出，修身养性。

张良的一生一直坚持高调做事、低调做人，不炫耀、不张扬。这才

使得当韩信被杀、萧何入狱时，他能从容保身，成为"汉初三杰"中唯一得以善终的人，流芳千古。

韩信因忍耐而成功，却因不善隐忍而丧命。张良既不居功自傲、夸耀自己的功绩，也不恃才傲物、吹嘘自己的本领，当有人功不如他，为寻得高官厚禄而奔走钻营时，他却婉言谢绝封赏，为群臣作出了表率。张良的处事之法，值得今天的人们思考借鉴。

思考题

1. 有人说，忍让是软弱的表现；也有人说，能够忍让的人是内心真正强大的人。你如何看待以上观点？

2. 请结合事例，讲一讲忍让对个人成长的重要性。

3. 结合文中韩信、张良的事例，谈一谈你对"忍"的认识。

四、积善之家，必有余庆

子张问善人之道。子曰："不践迹，亦不入于室。"

——《论语·先进》

在数千年的文化传承中，善与行善成为中华民族难以磨灭的文化符号，积极行善已深深融入华夏儿女的血液之中，成为衡量一个人好坏的基本条件和参考标准。

中华传统文化将个人是否行善与家庭幸福、子女教育紧密相连。《易传》中说："积善之家，必有余庆；积不善之家，必有余殃。"意思是说，修善积德的个人和家庭，必然有吉祥喜庆之事；作恶坏德的，必然使家庭与后代出现更多的灾祸。《太上感应篇》中说，人的祸害、福泽，原本没有一定的门路，只是由于人自作自受，自我感召；人做善事必定会有福报，作恶则必会留有祸根。《三世因果经》中说"欲知前世因，今生受者是；欲知后世果，今生作者是。"即所谓"种瓜得瓜，种豆得豆"，从因果报应出发，强调人们积极行善的重要性。

对于传统文化以及宗教中因果报应的观点，我们要有一个清醒的认识，但不可否认的是，无论是古代还是今天，存善心、做善事对社会与个人都具有积极的意义。

带领落坡岭居民助近千名旅客脱困的孟二梅

孟二梅，门头沟区大台街道落坡岭社区党支部书记、居委会主任。受强降雨引发塌方影响，2023 年 7 月 30 日，K396 次列车被迫滞留在门头沟区落坡岭站。2023 年 7 月 31 日至 8 月 2 日，孟二梅带领社区三百多位居民，无条件接待了列车上近千名被困乘客，争分夺秒、守望相助，圆满完成了此次临时保障任务。

面对社区物资储备少、老年人多的情况，要保障近千名被困乘客的食宿，是个非常大的挑战。孟二梅说："只要有我们一口吃的，坚决不能让他们饿着。"随着时间的推移，夜幕降临，情况也在不断变化，有的旅客开始发烧，孟二梅找出社区的药品给发烧的旅客，同时组织社区干部又"挤"出一批食物，并在雨中分发给大家。夜里，流落在外面的小朋友和老人又被孟二梅安排在居民家里，还有一些小朋友被安排在居民的车里。其实，面对这么大的灾难和这么复杂的局面，孟二梅心里也很焦虑，但她心里一直有个念头：相信党，相信国家！区委、区政府一定会想尽一切办法救助我们，街道工委、办事处也一定会来支援我们。危急时刻，对党的坚信就是所有人渡过难关的最大底气。

2023年8月2日凌晨，旅客们陆续跟随武警部队沿铁轨向城区行进。离开落坡岭时，孟二梅看到很多旅客脚上的鞋全是泥和水，走路都很困难。她和居民们二话没说，把家里干净的鞋子、干净的袜子拿了出来，只要尺码合适就让旅客穿走。还有一些老幼病残的旅客无法徒步走出落坡岭，孟二梅便将社区有车的志愿者组织起来，排好队在社区等候。傍晚，最后一批旅客由社区志愿者开车带到王平镇，由国铁部门的车辆接走。

整整两天时间，落坡岭与外界几乎隔绝，孟二梅和社区干部与群众一起在断水、断电、断网的极端情况下，动用几百位村民的力量解决了近千人的食宿问题。她以实际行动践行着无言的承诺。[1]

积极行善能够影响和感染其他人，有利于促进人与人之间和谐关系的形成，使社会关系更加融洽。从人的社会属性来说，我们共同生活在同一个世界，有着共同依赖的自然环境和社会环境，人与人之间必然会产生各种联系。如果大家都能积德行善，则社会上下其乐融融，也是人

---

[1] 《"2023年北京榜样"孟二梅：带领落坡岭居民助近千名旅客脱困》，载光明网，https://life.gmw.cn/2023-12/20/content_37040714.htm，最后访问日期：2024年9月20日。

之大幸、国之大幸。

在《论语·先进》中，子张问孔子，怎样算是真正的善人，我们究竟要做到什么样子才能称得上是善人？孔子回答说，"不践迹，亦不入于室"。孔子的这句话主要有两种解释：第一种解释是：若不依循前人的办法，就不能得到做善事的要领和精神；第二种解释是：做事不留痕迹，不要为了向人显示而刻意行善。第一种解释强调了学习优秀榜样对个人成长的重要性，第二种解释则强调了发自内心行善事的重要性。

一个商人看到一个衣衫褴褛的铅笔推销员顿生一股怜悯之情。他不假思索地将 10 元钱塞进卖铅笔的人手中，然后头也不回地走开了。没走几步，他忽然觉得这样做不妥，于是连忙返回来，并抱歉地解释说："自己忘了拿笔，希望

不要介意。"最后他郑重地说："你和我一样都是商人。"一年以后，在一个商户云集的社会场所，一位西装革履、风度翩翩的推销商迎上来，不无感激地对这位商人说道："您可能早已忘记我了，但我永远记得您，正是您给了我自信和尊严。"

故事中，商人在行善的同时没有忘记维护推销员的自尊心，他返回并索要铅笔的行为将单向的施舍变成了一次正常的交易，那句"你和我一样都是商人"使推销员感受到了尊重。而正是这一句简单的话，使得推销员找到了自尊与自信，最终他的事业也取得了较大的成功。

"有心为善，虽善不赏。"为善不必要求别人知晓，如果是为了名利或希望得到别人的报答而行善，那就属于动机不纯了。

从个人修身的角度来说，积极行善可以使我们在帮助他人的同时感受到更多的快乐，对于净化和安定我们的身心大有裨益。看到他人因自

己的帮助而成功摆脱困境，自己的心情也会愉悦；想到自己或许会成为他人生命中重要的借助力量，自己也会觉得快乐和有价值。有些人会说，我没有钱、能力不足，做不了太多帮助他人的善事，这种想法是不正确的。一个人能力有大有小，但是在日常生活中积极行善是可行、可见的。

宋徽宗大观年间，有人曾拜访镇江太守葛繁，请教如何修身的问题，葛繁回答："我很努力在做善事，有时一日做四五条，多的时候甚至一二十条。至今做了四十年，从未间断。"那人又问他是如何行善的，

葛繁指着座椅中间的踏子说："就如这踏子摆得不正，恐会妨碍别人的脚，我就把它摆正；假如别人口渴，我就顺手拿一杯水给他，这些都是有利于别人的事。很小的言语及动作，都可以有利于别人的地方。从达官显贵至乞丐，都可以做善事。但是要持之以恒，才能见到好处。"

当我们看见发生交通事故时，我们心中祈盼天下所有的出行者出入平安，这就是善念；当我们看见老人无人照料时，我们心中祈盼天下所有的老人儿女贤孝，过上舒适安逸的生活，这就是善念；当我们看见莘莘学子十年寒窗，勤勉学习时，我们心中祈盼天下学子德才兼备，学业有成，这就是善念；当我们看见各种灾害、动乱频发时，我们心中祈盼风调雨顺，世安民乐，这就是善念。"修身以行善为本，行善以正心为先"，行善关键在于心地纯正，善心恳切。我们不一定会因为赚很多的钱而富有，但我们可以因胸怀的善念、付出的善行而心中平和富足。

思考题

1. 请结合实际，谈一谈"善"对家庭和睦、个人成长的重要作用。

2. 你如何理解"有心为善，虽善不赏；无心为恶，虽恶不罚"这句话？

3. 请结合自身实际，谈一谈如何从小事做起，多行善事。

五、谦逊之德

子曰：如有周公之才之美，使骄且吝，其余不足观也已。

——《论语·泰伯》

作为中国历史上著名的贤人，周公一生的功绩被《尚书大传》概括为"周公摄政，一年救乱，二年克殷，三年践奄，四年建侯卫，五年营成周，六年制礼作乐，七年致政成王"，其是才德兼备的典型代表。然而许多人只看到了周公的功劳与地位，却忽视了他的谦逊品德。孔子曾说过，如果有周公的才艺美德，却恃才傲物，那么即使还有其他长处，也会失去价值，不值得一看。可见，为人谦虚对我们的成长是极其重要的，也是个人修身必须注重的内容之一。

《道德经》载："大道氾兮，其可左右。万物恃之以生而不辞。"意思是说，大地处在最低下谦卑的位置，所以万物才能依赖于它而生存。人们往往都喜欢高高在上，而厌恶身居下位，但是这样做，不知不觉中已经违背了做人的法则。"我慢高山，不留德水。"山上留不住水，因为它过于凸显自我。同样的道理，如果一个人内心高傲，自视为高山而凌驾于他人，那么道德与人心自然会像水一样顺山而下，远流而去。

在我国古代，流传着不少"一字师"的故事。所谓"一字师"，就是只改一个字的老师。虽然只改了一个字，却充分显示了改字人的知识功底和生活阅历，也体现了被指教之人的谦虚美德。

宋人肖楚才在溧阳主持事务时，有个叫张乖崖的官员请他吃饭。他看到张的案上放着一首刚写完的诗，其中有"独恨太平无一事，江南闲杀老尚书"两句，略作沉吟，提笔把"恨"改为"幸"。张乖崖问其原因，肖楚才说："你现在功高位显，奸人蠢蠢欲动而未曾动，今天下统一，太平无事，你应该感到万幸才对，为什么独恨太平无事？有悖情理啊！"张茅塞顿开，于是拜肖楚才为"一字师"。

元代诗人萨天锡有两句诗："地湿厌闻天竺雨，月明来听景阳钟。"很多人对其赞誉有加，唯有一位不知名的老者含笑摇头。萨天锡求教，老者说："此联虽好，只是'闻''听'二字意思重复，'闻'宜改为'看'"，并

说，唐人有"林下老僧来看雨"的名句。萨天锡即俯身叩首拜其为"一字师"。

"闻"改为"看"，不但避免了重复，而且"看"比"闻"更直观，因而更能表现"厌"的情绪，实在是妙！

谦逊的品格能够帮助自己认识差距，使人真诚地倾听他人的意见和批评。如果骄傲自大、主观武断，轻则导致工作不顺，重则使事业半途而废，甚至丢失性命。

《三国演义》中名将关羽"败走麦城"的故事众所周知。关羽之所以败北，一个很重要的原因是他狂妄自大、自以为是。吴国吕蒙接替鲁肃就任都督之后，给关羽猛灌"迷魂汤"，关羽被吕蒙的伪装所迷惑，于是飘飘然起来，认为吕蒙胆小，根本没把他放在眼里，于是放心地撤走了驻守荆州的重兵。结果吕蒙"白衣渡江"骗过守军，荆州被轻易拿下，曾经威震华夏的关羽最终落得一个被俘丧命的下场。

另一个典型的例子发生在清代名将年羹尧身上。

年羹尧早期仕途一路顺畅，不到十年就成为位高权重的地方大员——四川总督。在后来的几年中，他平定了西藏、青海等地多处叛乱，受到康熙和雍正两代皇帝的青睐。但随着权力的日益扩大，年羹尧以功臣自

居，越来越目中无人。一次，他回到京师，京城的王公大臣都到郊外去迎接他，他对这些人看都不看，非常无礼。他对雍正皇帝有时也不恭敬，一次在军中接到雍正的诏令，按理应摆上香案跪下接令，但他就随便一接了事，这让雍正很气愤。加上他大肆接受贿赂，随便任用官员，扰乱了国家秩序，雍正渐渐对他忍无可忍。终于，在 1726 年年初给雍正进贺词时，年羹尧竟把话写错，赞扬的语言变成了诅咒的话，雍正以此为由抓了年羹尧，此后又罗列了多条罪状，令其自尽。

当然，作为一个普通人，因不谦逊而招致杀身之祸的极端例子并不多见。但这并不意味着普通人就可以忽视对谦逊之德的修养和培育。或许有人会说，世上的好事，我争还争不来呢，如果我谦让，谁能知道我有才华、有本领，我怎么能出人头地，过上好日子呢？古人说："鼓钟于宫，声闻于外；德厚流光，终不可掩。"意思是说："鼓和钟虽然都安置在宫殿之中，但是它们的声音可以传到宫室之外；一个品格高尚的人，虽然默默无闻地自我完善，但是他的道德智慧光芒对人们的影响深远又广大。"一个人越是具备崇高的道德，就越谦卑，越能放低自己的姿态。

谈到谦逊忍让，唐代高僧寒山大师与拾得大师的一段对话，会给今天的我们带来一些启迪。

有一天，寒山大师问拾得大师说："如果世间的人诽谤我、侮辱我、讥笑我、轻视我、卑贱我、厌恶我、欺骗我，怎么对待呢？"拾得大师回答说："只要做到包容他、谦让他、随顺他、避开他、忍耐他、恭敬他、不要理会他，几年之后，你再看这个人是什么结果。"

"积德无需人见，行善自有天知。"积累善行，培养道德，虽然这些行为没有人时时看见，但是自己内心的谦卑、行为的恭谨，自然有上天知晓，从而问心无愧。就如同"种树者必培其根，种德者必养其心"一样，如果一个人时时保持一颗谦逊之心，努力做到"以虚养心，以德养身"。

思考题

1. 除文中所举事例外，你还知道哪些历史上由于缺少谦逊的品德而招致祸殃的例子？这些例子带给你哪些启示？

2. 有人说，谦虚是因为能力不足，能力强大的人不需要谦虚。你怎样看待这种观点？

3. 请结合实际，谈一谈心怀谦逊对个人成长的重要作用。

推荐书目

1.《论语别裁》，南怀瑾著述，复旦大学出版社 2016 年版。

2.《非暴力沟通》，［美］马歇尔·卢森堡著，刘轶译，华夏出版社有限公司 2022 年版。

推荐电影

1.《生命之树》（2011 年），泰伦斯·马力克执导。

2.《和平战士》（2006 年），维克多·萨尔瓦执导。

第三篇 内省

　　内省是个人对自己内在思想、情绪、动机和行为的审视与检查，是提升自我道德修养的重要途径。历史上，许多品德高尚、重视自身修养的伟大人物都具备善于内省的良好品质。自省，应当成为我们每个人日常生活中的必修课。一个人要想改正自身的缺点和错误，必须学会时刻反省自己，"静坐常思己之过"，总结失败教训，检点荣辱得失，这样才能不断完善自己，取得进步。

【阅读提示】

1. 了解内省对于提高道德修养的重要意义。
2. 掌握基本的内省方法。

一、内省，人之鉴

> 存亡安危，勿求于外，务在自知……败莫大于不自知。
>
> ——《吕氏春秋·不苟论》

所谓内省即自我认识，是有关人的内心世界的认知，是自我了解、分析省思的能力。换言之，它是指一个人知道自己的强项和弱项、了解自己真实需要的才能。我国古代先贤很早就对内省对于提高自身修养的重要作用有了深刻的认识。孔子说："内省不疚，夫何忧何惧?"[1]。意思是说，其平日所为无愧于心，故能内省不疚，而自无忧惧。我们熟知的传统工艺品"如意"，其特殊造型为柄部弯曲，头部回转，意为一

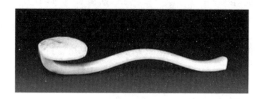

个人只有固守着谦卑恭敬，并且经常回头反省自己，才能处处吉祥，万事如意。

在中华文化数千年的发展过程中，许多名人志士将内省作为激励自己、强化意志的重要途径，从而在人生道路上创造了一个又一个辉煌，为后世称颂并奉为楷模。

子夏，姓卜，名商，春秋末期晋国人，是孔子的著名弟子。有一天，子夏去拜见同为孔子著名弟子、以孝行著称的曾子。曾子看了看子夏，打趣地说："怎么一阵子不见，你就如此发福啊。"子夏不以为意，反而乐呵呵地回答："我打了一个大胜仗，心情舒畅无忧，所以身体就胖起来了。"曾子有些摸不着头脑，疑惑地问："这话是什么意思?"子夏说："我终日在家读书，学习先王（泛指贤帝尧舜等）之道，觉得他们的仁义道德和高尚德行实在是高山仰止，令我心生敬佩仰慕之情。可

---

〔1〕《论语·颜渊》。

是出门之后，当我看到富贵人家身穿绫罗绸缎，享受豪宅美食，我又不由心生向往之情。两个念头不断出现在我的脑海中，激烈争斗、难分胜负，令我寝食难安，所以身体日益消瘦。现在先王之道终于在我心中占了上风，取得了胜利，我的心情又恢复了安宁祥和，身体自然就发胖了。"

曾子听后，连连称赞子夏，对他更为敬重。子夏也因平时很注重内省，被后世奉为典范和楷模。

人生在世，的确如子夏所说的那样，会有很多个不同甚至互相矛盾的思想时时碰撞和冲突。许多人也正是在这种不断的碰撞和冲突中，不断地反省自己、认识自我，在矛盾中实现由量变到质变的转化，完成思想和事业的升华和飞跃。

在心理学上曾有个很有趣的实验——用镜子来测试动物知不知道什么叫自我。

实验者先把一面镜子放进黑猩猩笼中，记录黑猩猩的反应，与点红后状态作比较。十天之后取出镜子并将黑猩猩麻醉，在它的额头上点一个无臭无味的红点。黑猩猩不会用手去摸额头，表示这个红点的确是无臭无味的；但是当镜子放进笼子后，黑猩猩一看到镜子中的"倩影"，便立刻用手去摸自己的额头，而且用力去搓，表示它知道镜子中是自己，而且知道自己原来是没有红点的。

如果省略第一步，没有让黑猩猩先接触到镜子，即使后来它们看到镜中的自己有红点，也不会用手去摸，因为没有以前的自我作比较，就无从判断。

这个实验得出的结果是很让人震惊的。当我们不知道自己原来什么样时，外界传递给我们什么样的信息，我们就会轻易相信而不怀疑。可一旦照过镜子，知道自己是什么样子，那么一有外界施加的改变便会立刻察觉。而且这种意识的出现是不可逆转的，已经知道便无法再假装不知道。可见，是否具备正确的自我认知，对一个人的发展是至关重要的。

反省就是一面镜子，是一面能使我们自知的镜子。老子说："知人者智，自知者明。"意思是说，能够认识和了解别人是一种聪明，而能够认识和了解自己才是真正的睿智。他进而说道："胜人者有力，自胜者强。"意思是说，能战胜他人的可称得上有力量，然而能战胜自己的人才称得上真正强大。可见，内省是认识自我的有效途径和有力手段，只有学会内省才能实现自知，进而自胜。

反省是一面能使我们时时审视自己、增强智慧的镜子，通过这面镜子我们可以看到自己的不足，并重新认识自己、改正不足。

汉代刘向的《新序》一书记载了"宋昭公穷途知过"的故事。

春秋时期，宋昭公众叛亲离，弃国出逃，路上他对车夫说："我知道我这次出逃的原因了。"车夫问："是什么呢?"宋昭公说："以前，不论我穿什么衣服，侍从无人不说我漂亮；不论我有什么言行，朝臣无人不说我圣明。这样，我内外都发现不了自己的过失，所以才落得弃国出逃的下场。"从此，宋昭公改行易操、安义行道，不到两年，美名传回宋国，宋人又将他迎回国，恢复了王位。他死后，谥为"昭"[1]公。

一个人很难做到没有过失，如果他能够养成每日反省的良好习惯，他就会不断从过失中汲取智慧，他的人生也将日臻完美。反省如一面镜子，更如一剂良药，是所有美德中最值得珍视的品德。学会反省也就意味着人生的完美具备了基础和前提。

---

〔1〕 古代《谥法》中记载："容仪恭美曰昭，昭德有劳曰昭，圣闻周达曰昭。"

马克思和他的女儿有过这样一段谈话：

女儿问："如果您犯了错误，会轻易地承认错误吗？"

"我随时都在准备着承认自己的错误。"马克思这样回答。

思考题

1. 在你身边是否有及时反省错误，实现人生逆袭的例子？请举例说明。

2. 一个人假如不会自我反省，他可能犯什么样的错误？请举例说明。

3. 你是否有过因为善于反省而及时避免错误的经历？你从这样的经历中学到了什么？

二、圣人之德，源于内省

德之不修，学之不讲，闻义不能徙，不善不能改，是吾忧也。

——《论语·述而》

生活中，我们时常遇到不同的烦恼，一些人经常抱怨自己的财产太少、职位太低、名气太小，等等。与今人相比，古代的圣贤会忧虑什么呢？他们也会有忧虑，只是让他们忧虑的问题与今人不同而已。在《论语·述而》篇中，孔子说："品德不培养，学问不讲习，知道义却不去做，有缺点不能改正，这些都是我的忧虑啊！"可见，圣人的忧虑在于如何提高道德，如何传播真理，如何唯义是从，如何改过迁善，这些都是他们内心的自我反省，也是他们被称为"圣人"并为万世所敬仰的原因。

孔子曾夸赞弟子颜回说："颜渊无二过。"鲁国公很想知道颜回是如何做到的，于是问颜回："我听你的老师孔子说，同类的错误你绝不犯第二次。这是真的吗？"

颜回说："这是我一生都在努力做到的。"

鲁国公又问："这是很难的事情。你是怎样做到的呢？"

颜回答道："要想做到这一点并不难。我经常反省自己，看看自己哪些是

对的，哪些是错的；做对的坚持下去，做错的引以为戒。这样坚持久

了，就能够做到无二过。"

鲁国公赞叹地说："经常反思，从无二过，这可以说是圣人了。"

小时候，很多人都希望自己成为英雄、成为受人敬仰的伟大人物。但是，经历了成长中的艰难困苦，面对人生中的命途多舛，许多人志存高远的理想已不复存在。失去梦想的原因，固然有生活的艰辛、成长的磨砺，但是于我们个人而言，对待人生的错误、过失不能做到时时反省、日日改过，甚至听之任之、随波逐流，不也是导致我们背弃理想、陷入沉沦的重要原因吗？《礼记·大学》篇记载，汤之《盘铭》曰："苟日新，日日新，又日新。"用今天的话来说便是："假如今天洗净污垢更新自身，那么就要天天清洗更新，每日不间断地清洗更新。""盘"是古人用来洗漱的用具，古人将这句哲言铭刻于盘中，就是要每天提示自己、激励自己。古圣先贤这种自我净化、自我改变、自我更新、自我超越的行为，恰恰是他们超凡入圣的根基。正如人的身体每天需要洁净一样，人的言行也需要每日规范，这是身心的洁净。自我反省、自我改过对我们每个人来说都是必不可少的。

在日常生活中，我们经常会遇到这样的事情：关心帮助别人却不被领情；在团队中认真工作却有人故意捣乱；自己做了好事却不被他人理解，等等。许多人在思考之后，将原因简单归结于他人的素质低下、自私自利，而这种看法却无助于问题的解决。在《孟子·离娄上》篇中，孟子曰："爱人不亲，反其仁；治人不治，反其智；礼人不答，反其敬；行有不得者，皆反求诸己，其身正而天下归之。诗云：'永言配命，自求多福。'"，意思是说，我敬爱别人，可是别人不亲近我，应反问自己，自己的爱是无私的吗？我管理别人，可是没管好，应反问自己，自己的智慧和知识是不是还不够？我礼貌地对待别人，可是都得不到相应的回答，那应反问自己，自己的恭敬是真心的吗？任何行为如果没得到预期的效果都要反躬自责，自己的行为如果端正了，天下的人心自会归向他。正像《诗经》中讲到的：我们永远要与天命相配，自己去寻求更多的幸福。在与他人发生矛盾时，古圣先贤的做法是：以仁爱之心待人，时时推己及人，以平和的心态认真反省自身的过错，检查自己在待人接物的方式方法上是不是出了问题，是不是言语不当伤害了他人，是不是利益分配不均衡而不能有效调动下属的积极性，或者相互之间是不是有什么误会使别人心里产生了怨恨，等等。一旦找到了问题的症结，就应积极改正，解开了"疙瘩"，处理事情自然就游刃有余了。

夏朝时，大禹有个儿子叫伯启。一次，伯启领兵打仗，战败，他的部下非常不服气，一致要求负罪再战。伯启说："不用再战了吧。我的地盘不比敌人小，兵马也不比他们差，结果竟然被打败了，这是怎么一回事呢？我想，这错一定在我身上，或许是我的品德不如敌方将领，或许是教导军队的方法有误，我得找出自身的问题所在，加以改正再出兵不迟。"

从此以后，伯启立志奋发，爱护百姓，尊重并任用有贤能的人才，城池不断扩大，军队也一天天强大起来。没过几年，敌人得知这种情况后，非但不敢再来侵犯，还心甘情愿地归顺了伯启。

伯启这种遇到挫折就及时反省自己并积极改正的态度，值得我们学习。

孔子曾自我反省道，（把所见所闻）默默地记在心里，努力学习而不厌弃，教导别人而不疲倦，这些事情我做到了哪些呢？[1]这是在告诫我们，要通过努力学习真理，来验证对与错、是与非，并且利用我们

---

〔1〕《论语·述而》载："默而识之，学而不厌，诲人不倦，何有于我哉？"

所具备的正确见解，不厌其烦、不知疲倦地去帮助他人。这些方面孔子已经做得很好了，但是仍然说自己尚未做到，他谦虚内省的道德智慧足以让后世敬仰。孔子在世的时候，弟子们就已经把他当作圣人看待，在《孟子·公孙丑上》篇中，子贡曰："学不厌，智也；教不倦，仁也。仁且智，夫子既圣矣。"意思是说，学习不知满足，这是智；教人不嫌疲劳，这是仁。既仁且智，老师已经是圣人了。然而在《论语·述而》篇中，孔子说道，讲到圣和仁，我怎么敢当？不过是学习和工作总不厌倦，教导别人总不疲劳，就是如此罢了。公西华说，这正是我们学不到的。[1]孔子虽然已经具备了深厚的学识和崇高的道德，但是仍不敢以圣人自居，万世师表孔子给我们做出了谦虚内省、勤奋好学、自强不息的榜样。

在现实生活中，有部分人认为自己读的书很多，知道的道理、事情也很多，于是就自以为是、目中无人。常言道："读书在涵养，涉事无停滞。"意思是说读书的目的是提高内在的修养，然后融入日常工作生活中去实践而没有休止。在《论语·述而》篇中，孔子说：书本上的学问，我同别人差不多。在生活实践中做一个君子，那我还没有成功。[2]圣贤尚且如此谦卑，与他们相比，那些自以为是、骄傲自满的人更应该感到无地自容。圣贤之所以为圣贤，不仅是读的书比别人多，更在于他们能够将书中的知识付诸实践，而且永不停息。即使已经达到君子圣人的境界，仍然竭尽全力，不断地完善自己。同样地，不论你的事业如何成功、生活如何富足、家庭多么幸福，都不能志得意满、不可一世、唯我独尊，要知道世间风云变幻，优势劣势的转换只在一瞬间，如果疏忽大意、夜郎自大，很可能造成不好的后果。

"官渡之战""赤壁之战""夷陵之战"是东汉末年著名的三大战

---

〔1〕《论语·述而》载，子曰："若圣与仁，则吾岂敢。抑为之不厌，诲人不倦，则可谓云尔已矣。"公西华曰："正唯弟子不能学也。"

〔2〕《论语·述而》载："子曰：文，莫吾犹人也。躬行君子，则吾未之有得。"

役。"官渡之战"前，袁绍强而曹操弱，但袁绍及其将领轻敌冒进，先后败于白马、乌巢等地，终究落得兵败身死的下场。"赤壁之战"前，曹操拥兵百万，雄踞荆襄、虎视江南，却被孙刘联军设连环计击败，失去了一统天下的机会。"夷陵之战"时，刘备倾全国之兵讨伐吴国，小胜之后狂妄轻敌，被陆逊火烧连营七百里，此役也成为蜀汉由盛转衰的转折点。

李叔同曾写道："自净其心，有若光风霁月；他山之石，厥惟益友明师。"意思是说："自我净化身心，拥有开阔的胸襟和坦荡的心地，就如同雨过天晴时的风清月明；能够帮助自己改正缺点错误的外部力量，就好像借助别的山上的石头用来琢磨玉器一样，他们都是对我有帮助的朋友。"如果一个人在生活中能学会反省，在平凡中创造伟大，更以圣贤为标准，他们的成就也可达到更高的境界。

思考题

1. 在你的人生经历中，有哪些错误是多次出现且难以改正的？你认为这些错误难以改正的原因有哪些？

2. 结合所举事例，你如何理解"哀兵必胜，骄兵必败"这句话？

3. 如果想做到"不二过"，除了积极反省，你认为还有哪些途径？

三、三省吾身

吾日三省吾身：为人谋而不忠乎？与朋友交而不信乎？传不习乎？

——《论语·学而》

在《论语·学而》篇中，曾子说，我每天多次反省自己：替别人办事是否尽心竭力了呢？同朋友交往是否诚实了呢？老师传授我的学业是否实践了呢？曾子谈到了自己每天反省的三方面内容：做事的态度（是否尽心）、为人的态度（是否诚信），以及做学问的态度（是否认真实践）。如果我们每个人都能够时常反省自己在做人、做事、做学问上的问题与不足，肯定会获得长足的进步。

要至忠至诚地做事。我们每个人的一生都会经历大大小小不同的事情与境遇。以诚恳的、认真的、尽心竭力的态度来谋事、做事，是我们应当具备的最基本的态度。许多人对那些与自身利益密切相关的事情，一般会特别上心地去处理，而与自身无关或好处较少的事情，则漠不关心、应付了事，这样的态度是不可取的。无论做什么事情，只要我们的心意可以达到至诚的地步，那么就一定会有收获。谋事以忠，尽力地做好本职工作是基础。如果能做到读书领悟思想精髓、研究学问指导实践、干事创业有益大众，那么事业就能旺盛和持久。

为人谋事要做到忠还包括另一层意思，那就是做事不能昧着良心。

孟信不卖病牛

古代有个叫孟信的人，被罢免官职以后，家里很穷，甚至连吃的东西都没有了。一天，家人趁孟信外出把家里仅有的一头病牛卖了换粮食。

孟信回家后发现病牛被卖，就把家里人训斥了一顿，还把病牛要了回来，并对买主说这是病牛，没什么用处，这样的病牛不能卖给你。

孟信不卖病牛的事很快传开了，连皇帝都听说了。皇帝认为孟信是个诚实守信的人，立刻派人召他进京，封他做了官。

不能透支自己的诚信。大人们在教育小孩的时候，经常会强调一句话："做人要诚实，不要撒谎!"然而，在保持诚信这方面，成年人的世界似乎远没有小孩子的思维那么简单。靠牺牲自己的信用、名声换取眼前的利益，这是一种很可怕的思想。在《论语·泰伯》篇中，孔子说："狂而不直，侗而不愿，悾悾而不信，吾不知之矣。"意思是说，狂妄而不直率，幼稚而不老实，无能而不讲信用，这种人我是不知道其所以然的。孔子告诫我们，有些人自以为是、头脑简单、没有真才实学，同时内心邪曲、做事侥幸、不遵守承诺，这样的人不知道他们是否会考虑做人的原则。可能有些人认为，不讲信誉没有什么，能骗一次就骗一次。对于这种行为，在《论语·为政》篇中，孔子说："人而无信，不知其可也。"意思是说，作为人，不讲信誉，不知他还能做什么。在社会日益重视个人信用的今天，我们做的每件事情、做出的每句承诺，都应保持诚信，并时时在心中省察，使自己养成以诚待人、诚信处世的良好习惯，以赢得人们的信任与尊敬。如果只顾眼前利益，无视规则、透支信用，不仅其会被社会大众否定，甚至还可能触犯法律、锒铛入狱。

2021年，被告人马某分别在中国银行、中国邮政储蓄银行、中信银行、平安银行、交通银行申领了信用卡进行透支，发卡行多次催收，马某一直逾期未还款。2021年12月，被告人马某与某征信服务有限公司相关人员签订委托协议，非法办理信用卡债务核销，恶意扰乱金融秩序。直到案件起诉后，被告人马某方才将上述银行本息全部清偿完毕。

法院经审理后认为，被告人马某以非法占有为目的，恶意透支信用卡，并采取非法债务核销的手段逃避银行催收，数额较大，其行为已构成信用卡诈骗罪。

信用卡是以个人信用作为前提的支付工具。信用卡恶意透支，是指持卡人以非法占有为目的，超过规定限额或者规定期限透支，并且经发卡银行催收后仍不归还的行为。信用卡透支后逾期不还不但构成违约行为，产生高额的利息和滞纳金，持卡人还将被列入征信"黑名单"，从而不能办理房贷、车贷等金融业务，情节严重的还有可能构成刑事犯罪，需承担刑事责任。

所以，对持卡人来说，应理性使用信用卡，树立科学消费观念，出现信用卡透支一定要及时偿还，避免对个人信用记录造成负面影响。[1]

知行合一，传习不绝。在清华大学的校园内，矗立着一块醒目的石碑，上面写着"知易行难"四个大字。我国著名的教育家陶行知先生原名为"陶知行"，为了鞭策自己，他将名字中的知与行对调，表示自己不仅要重视学习知识，更要重视将学到的知识转化为实践。"纸上得来终觉浅，绝知此事要躬行。"也许有人会说，自己早已经不是学生，不需要做学问了，可是人生就是一个大课堂，读万卷书，行万里路，见百样人，都是学习的过程。这些知识需要我们认真领会学习，这是认真的求知态度。

当然，学习不是最终目的，重要的是将这些知识技巧结合自己的实际情况融会贯通，在实践中"行"出来，而这恰恰是最困难的。历史上无数事例证明，真正成功的人都是"行的高标"，是真正能将知识或者美德"行"出来的人。

庖丁是春秋战国时期一位著名的厨师。一次，庖丁当众表演宰杀活牛，引来无数人围观。

─────────

〔1〕 张艳慧、李娅然：《恶意透支信用卡不归还 构成信用卡诈骗终获刑》，载 https://www.chinacourt.org/article/detail/2024/07/id/8030384.shtml，最后访问日期：2024 年 9 月 20 日。

只见庖丁注目凝神、提气收腹、气运丹田，他表情凝重，运足气力，挥舞牛刀，寒光闪闪上下舞动，劈如闪电掠长空，刺如惊雷破山岳，只听咚的一声，大牛应声倒地。

再看庖丁手掌朝这儿一伸，肩膀往那边一顶，伸脚往下面一抻，屈膝往那边一撩，动作轻快灵活。庖丁将屠刀刺入牛的身体，皮肉与筋骨剥离的声音与他运刀时的动作互相配合，显得是那样和谐一致、美妙动人。就像踏着商汤时代的乐曲《桑林》起舞一般，而解牛时所发出的声响也与尧乐《经首》十分合拍，这样的场景真是太美妙了。不一会儿，就听到"哗啦"一声，整个牛就解体了。

站在一旁的文惠君不觉看呆了，他禁不住高声赞叹道："真了不起！你宰牛的技术怎么这么高超呢？"

庖丁赶紧放下屠刀，对文惠君说："我做事比较喜欢探究事物的规律，因为这比一般的技术技巧要更高一筹。我刚开始学宰牛时，因为不了解牛的身体构造，眼前所见无非一头头庞大的牛，等我有了3年的宰牛经验以后，我对牛的构造就完全了解了。现在我宰牛只需用心灵去感触牛，而不必用眼睛去看它。"

"我的这把刀已经用了19年，宰杀过的牛不下千头，可是刀口还像刚在磨刀石上磨过一样锋利。"

庖丁善于在实践中总结规律，并在实践中不断精进自己的技艺，为后世留下了"庖丁解牛"的典故。

"吾日三省吾身"的至理名言让后世铭记警醒。我们在晚上入睡之前，回想一天的所作所为，能够在业务工作上做到尽心尽力，人际交往问心无愧，知识运用得心应手，那么我们一定能够不断地认识自我，修正自我、完善自我，在为人处世上平和顺利，事业上也会取得应有的成就。

思考题

1. 请结合自身，谈一谈"忠"与"信"对现代社会的重要意义，以及现代人如何才能做到"忠"与"信"。

2. 你在学校学习和社会工作期间学到了哪些技能？你认为自己应当如何传承这些技能？

3. 你是否经历过类似"孟信不卖病牛"的事情？你是怎样处理的？

四、反求诸己

> 君子求诸己，小人求诸人。
>
> ——《论语·卫灵公》

在对个人的要求上，孔子曾说，君子要求的是自己，小人要求的是别人。意思是说，具有君子品行的人，遇到问题先从自身找原因，而那些小人，遇到麻烦总是想方设法推卸责任，撇清自己，从不反思自己，从自身找原因。当人们做事不能称心如意时，往往就会怨天尤人、愤愤不平，很少有人能静下心来从自身去寻找原因。普通人做事，总是习惯从个人利益出发，当自身的利益遭受损失时，可能会暴跳如雷，火冒三丈。谩骂，无休无止；怨恨，也会念念不忘。

君子对自己要求严格，小人却只对别人要求苛刻。君子是心胸开阔，谦恭待人；小人是心胸狭窄，盛气凌人。《论语·述而》篇中，孔子说，君子心地平坦宽广，小人却经常局促忧愁。[1]正是因为小人对他人之过过分苛责，对自己的过失视而不见，所以总是自以为是、自命不凡。如果能够经常回过头来，多看自身的过失，严格要求自己，那么人生必然会有不同的收获。

诸葛亮在《诫子书》中告诫儿子诸葛瞻，强调了"静以修身"和"俭以养德"的重要性。他认为，保持内心的宁静可以修养身心，而节俭的生活方式有助于培养品德。这句话不仅是对个人修养的指导，也体现了诸葛亮对节俭和宁静的重视。诸葛亮通过这句话传达了一种生活哲学，即通过内心的平静和节俭的生活方式来提升个人的道德品质和精神

---

[1] 子曰："君子坦荡荡，小人长戚戚。"

境界。[1]

这句话的含义深远，不仅适用于个人修养，也适用于社会治理和国家发展。它强调了内在修养和外在行为的一致性，以及个人品德对社会和谐与进步的重要性。诸葛亮的这种思想通过他的《诫子书》传承下来，成为中华民族传统文化中的重要组成部分，影响了后世无数的人。

一个人格高尚的人对待过失的态度应当是"躬自厚而薄责于人，则远怨矣"[2]。意思是说，重于厚责自己而轻于责人，可以避免别人的怨恨。这样做不仅增长道德，还能远离灾祸。因此，品德高尚的人在日常生活工作中，会时时设身处地为他人着想，事事推己及人照顾他人的感受。孔子曰："君子有三恕：有君不能事，有臣而求其使，非恕也；有亲不能孝，有子而求其报，非恕也；有兄不能敬，有弟而求其顺，非恕也。士能明于三恕之本，则可谓端身矣。"[3]意思是说，有国君而不能侍奉，有臣子却要役使，这不是恕；有父母不能孝敬，有儿子却要求他报恩，这也不是恕；有哥哥不能尊敬，有弟弟却要求他顺从，这也不是恕。读书人能明了这三恕的根本意义，则可以算得上行为端正了。所以，一个人格高尚的人，一定是先要求自己，才可要求别人；而不是只要求别人，不要求自己。

许多人会这样抱怨：由于各种原因，我没有本事；我的子女或学生不尊重我；我在穷困的时候，没人帮助我；等等。要想摆脱这种状况，必须从自我改变做起，不能只强调客观因素。孔子曰："君子有三思，不可不察也。少而不学，长无能也；老而不教，死莫之思也；有而不施，穷莫之救也。故君子少思其长则务学，老思其死则务教，有思其穷则务施。"[4]意思是说，君子有三种情况应该加以考虑，不能不重视。

---

〔1〕《诫子书》载："夫君子之行，静以修身，俭以养德。非淡泊无以明志，非宁静无以致远。夫学须静也，才须学也，非学无以广才，非志无以成学。"

〔2〕《论语·卫灵公》。

〔3〕《孔子家语·三恕》。

〔4〕《孔子家语·三恕》。

年少时不学习，长大了就没能耐；年老了不教育子女、学生，死后就没人思念他；富有时不施舍，穷困时就没人救济。所以，君子年轻时考虑到长大后的问题就要致力于学习，年纪大了考虑到死后的问题就要致力于教导儿孙，富有时想到穷困的处境就要致力于施舍。因此，若向本分中做，必无分外中求。

　　人们经常感叹了解自己的人太少，尊敬自己的人太少，究其原因，主要在我们自身。不论是在家中，还是在朋友当中，抑或在职场当中，如果我们能够主动了解别人、敬重别人，很多问题都会迎刃而解。在《孔子家语·贤君》篇中，卫灵公问孔子曰："有语寡人：'有国家者，计之于庙堂之上，则政治矣。'何如？"孔子曰："其可也，爱人者，则人爱之。恶人者，则人恶之。知得之己者，则知得之人。所谓不出环堵之室而知天下者，知反己之谓也。"意思是说，卫灵公曾问孔子，有人告诉我，统治国家的人只要在朝廷上策划国家大事，国家就能得到治理。您认为怎么样？孔子说，这话可以。尊重别人的人，别人也会尊重他；厌恶别人的人，别人也会厌恶他。懂得自己想要得到的，也就懂得别人想要得到的。所谓不出家门却知天下事，也就是推己及人的意思。

　　战国时，梁国与楚国的交界处各设界亭。亭卒们在各自的地界里种了西瓜。梁亭的亭卒勤劳，锄草浇水，瓜秧长势极好。而楚亭的亭卒懒惰，对瓜事很少过问，瓜秧又瘦又弱。楚人要面子，一天夜里，偷跑过去将梁亭的瓜秧全扯断了。

　　梁亭的人第二天发现后，气愤难平，报告大夫宋就，也想过去把他们的瓜秧扯断。宋就听了以后，对梁亭的人说："楚亭的人这样做当然很卑鄙，可是，我们明知扯瓜秧不对，还跟着学，那就心胸太狭隘

了。你们听我的话，从今天起，每晚偷偷给他们的瓜秧浇水，注意一定不能让他们知道。"

梁亭的人听了宋就的话后觉得有道理，于是就照办了。不久，楚亭的人发现自己的瓜秧长势一天比一天好，仔细观察，发现每天早上瓜秧都被人浇过水，而且是梁亭的人在黑夜里悄悄帮他们浇的。楚国的官员听到亭卒们的报告后，感到非常惭愧又非常敬佩，于是把这事报告给楚王。楚王听说后，也感动于梁国人修睦边邻的诚心，特备重礼送给梁王，既示自责也示酬谢，最后这一对敌国成了友邻。[1]

一位边境官员面对他人的错误，能够推己及人以德报怨，终换来对方知错、两国修好的结果，个人修养对国家政治的影响可见一斑。

总而言之，一个人格高尚的人，永远是将完善自我放在第一位的。向外看是人我是非，向内看是自我超越。只有每天不断地净化身心，多反省自身，减少暴戾怨恨之气，才能不断地实现自我完善。

思考题

1. 你如何看待自己以往的过失？你认为这样的过失之所以发生，主要原因在于自己还是在于外界？请举例说明。

2. 你认为孔子所讲的"恕"是什么意思？我们怎样才能做到"恕"？

3. 请结合实际，谈一谈完善自身与善待他人之间的联系。

---

〔1〕 （西汉）刘向：《新序》。

五、见贤思齐

> 见贤思齐焉，见不贤者而内自省也。
>
> ——《论语·里仁》

在《论语·里仁》篇中，孔子说，看见有德行的人，便应该（主动）向他看齐；看见没有德行的人，便应该自己反省（有没有同他类似的毛病）。如果一个人能做到时时内省，以他人为镜，当看到他人的优点和长处时，能够以此为标准要求自己，当看到他人的缺点和不足时，能够时刻提醒自己不要犯同样的错误，那么，这个人的内省功力和修养境界是相当高的。

东汉末年，有位叫郭泰的文人，他学问高深，为人谦和。有个叫魏照的人，不仅常来听郭泰讲课，还把行李搬来，整天和郭泰住在一起。

郭泰很奇怪他听完课后为什么不回家。魏照说："能找到一位传授知识的教师很容易，但找到一位能教自己做人的老师却很难。我天天和您在一起，是要模仿您待人接物时所表现出的高尚品格。"郭泰很感动，尽心竭力地教他，魏照很快就成为一个学识渊博、志向远大的人。

内省并不仅仅是要求我们反思自身言行。以他人为镜，善于向他人学习，也是内省的实践途径和重要方式。孔子说："三人行，必有我师焉。择其善者而从之，其不善者而改之。"意思是说，三个人同行，其中必定有我的老师。我选择他善的方面向他学习，看到他不善的方面就对照自己改正缺点。这句话体现出孔子自觉的修养和虚心好学的精神。这里包含了两个方面：一方面，择其善者而从之，见人之善就学，是虚心好学的精神；另一方面，其不善者而改之，见人之不善就引以为戒，反省自己，是自觉修养的精神。如此一来，无论同行相处的人善与不善，都可以让自己学到有益的东西。

唐宋八大家之一的韩愈说："是故弟子不必不如师，师不必贤于弟子，闻道有先后，术业有专攻，如是而已。"[1]虽然他是从做学问的角度来讲的，但是将这种观点应用到为人处世、内省修养方面也是十分贴切和精准的。做人要谦虚，注重内省的人更应该保持谦虚的态度，随时随地向他人学习。生活中，有的人见到比自己优秀的人便产生嫉妒之心，见到不如自己的人则不屑一顾。对于前者，是不愿意承认他人比自己优秀，内心有抵触情绪，自然学不到别人的优点；对于后者，是看到了自己的明显优势，骄傲炫耀、洋洋自得还来不及呢，更勿谈反省自己了。这样一来，人们很难发现自身的不足，更不用说在发现不足之后谦卑自屈、主动改过了。"人贵有自知之明"，我们善于发现他人优点、发现自身缺点，这就是自知之明，在此基础上做到谦虚、实现进步就不难了。一个人能做到自知，就一定不安于现在的已知，所以就能保持谦虚的态度，更加勤勉地向他人学习，不断自我反省，学习自己所不知的人性与天道之理。

春秋时，晏子为齐国宰相。一天，晏子乘车外出，车夫的妻子从门缝里窥看，只见她的丈夫架着大罗伞车与四匹骏马，洋洋得意，十分神气。等车夫回到家，他的妻子对他说要离开他。车夫十分不解。他妻子说："晏子身长不满六尺，位列丞相，声名显赫于诸侯，而行事做人却十分谦逊；你身长八尺，只是驾车的仆人，却如此自满，忘乎所以，所以我要离开你。"妻子的批评使车夫认识到自己的缺点，从

---

〔1〕（唐）韩愈：《师说》。

此，他为人态度变得谦逊，积极向晏子学习，不断进步，最终成为齐国大夫。

　　唐太宗和魏征纳谏、直谏的故事广为传颂。魏征去世之后，唐太宗对大臣们说，人们用铜作镜子，可以使衣冠端正，用历史作镜子，可以看清历朝的兴衰更替，用人作镜子，可以知道自己的成败得失。魏征去世了，我失去了一面镜子啊！

　　其实，每个人的一生中都有两面镜子，一面在家里，每天出门前可以照着它整发理冠，检视外表；另一面则存在于社会中，那就是我们在社会生活中接触到的其他人。看到有德行的人，我们要学习他们修身养性的功夫、为人处世的方法。看到没有德行的人，我们要总结他言语和行为中的过失，检点自己的所作所为，进而警醒自己、提高自己。

　　他人是我们审视自己最好的镜子。通过他人看自己，有时比自己看自己还要清楚。向自身求内省，多是依靠感悟和苦思，其过程在某些时候是漫长而痛苦的，远不如以他人为镜来得直接和直观。宋朝学者杨万里在《庸言》中写道："见人之过，得己之过；闻人之过，得己之过。"当看到他人陷于某种错误时，自我反思一下：如果是自己，应会如何？那么即使自己没有经历过同样的事情，也可能会得到比经历过更为完善、深邃的感受和认知。

　　《论语》中记载，卫国的公孙朝问子贡，孔子的学问是从哪里学的？子贡回答说，古代圣人讲的道就留在人们中间，贤人认识到道之大者，不贤的人认识到道之小者；他们身上都有古代圣人之道。孔子随时随地向一切人学习，谁都可以是他的老师，所以说"何常师之有"。孔子这种向一切人学习的态度和做法值得世人学习，这也正是孔子之所以被称为圣贤的缘由吧！

道德讲堂

以铜为镜，可以正衣冠，以史为镜，可以知兴替，以人为镜，可以明得失。

思考题

1. 我们每个人都或多或少地接触过学英雄教育，请谈一谈你心目中最敬佩的英雄是谁？为什么值得敬佩？

2. 你是否有过通过对比他人发现自身问题的经历？请举例说明。

3. 在你的成长经历中，谁对你的影响最大？你从他（她）身上学到了什么？

推荐书目

1.《中道而行：心理学家的自我省察》，王轶楠，科学出版社 2023 年版。

2.《单独中的洞见》，张方宇，四川文艺出版社 2018 年版。

3.《往里走，安顿自己》，［美］许倬云，冯俊文执笔，北京日报出版社 2022 年版。

推荐电影

1.《美丽心灵》（2002 年），朗·霍华德执导。

2.《心灵捕手》（1997 年），格斯·范·桑特执导。

第四篇

礼　节

　　中华民族素有礼仪之邦的美誉，《礼记》有云："凡人之所以为人者，礼义也。"好礼、有礼、注重礼仪是中国人立身处世的重要美德，它所体现的中华民族几千年的思维模式、行为方式和价值取向，影响着每一个中国人的日常生活和处世为人的准则。特别是在当今社会，社会交往日益频繁，标准规格不断提高，对个人的行为仪表也提出了更高的要求。因此，了解礼仪、修习礼仪、践行礼仪就成为我们每个社会成员的必修课。

【阅读提示】

1.　了解"礼"的产生与发展。
2.　学会在日常生活中如何践行"礼"的要求。

一、礼者，立身之本，固国之基

夫礼，天之经也，地之义也，民之行也。

——《左传·昭公二十五年》

我国古代学者颜元说过："国尚礼则国昌，家尚礼则家大，身有礼则身修，心有礼则心泰。"意思是说，国家崇尚礼法则国家昌盛，家族崇尚礼教则家族壮大，个人崇尚礼仪就可以提升自己的修养，在心中崇尚礼节则心神安定。

《礼记·礼运》篇也谈道，"圣人用以治理七情，倡导十义，讲求诚信，促进和睦，崇尚谦让，清除争夺，离开了礼还能有什么更好的办法呢……人们好的坏的念头都藏在内心而不表现在脸色上，要彻底弄清人们心里的念头，离开了礼还能有什么更好的办法呢？"由此可见，礼可以辨别内心的好坏，可以修正身心的善恶，可以提高自身的品德，可以创造社会的和谐，可以称得上是立身之本、固国之基。

注重遵礼仪，是中华民族历来的传统。"礼事起于燧皇，礼名起于黄帝。"[1]"礼"在甲骨文和早期金文中作"豊"，象形而言，即为高脚盘中盛放粮食或玉器，其本义是举行礼仪、祭神求福。所谓"礼者，履也，所以事神致福也"[2]。礼，贯穿于整个中国古代社会，"它影响到社会生活的各个领域，调整着人与人、人与家庭、人与国家，甚至人与天地宇宙的关系"[3]。

历史上，人们把遵礼、从礼作为衡量一个人道德品质好坏的标准。

---

〔1〕《礼记·标题疏》。

〔2〕（东汉）许慎：《说文解字》。

〔3〕张晋藩：《中国法律的传统与近代转型》，法律出版社 2009 年版，第 3 页。

孔融（153—208年），鲁国人（今山东曲阜），是东汉末年著名的文学家，建安七子之一，他的文学创作深受魏文帝曹丕的推崇。据史书记载，孔融幼时不但非常聪明，而且还是一个注重兄弟之礼、互助友爱的典型。

孔融4岁的时候，常常和哥哥一块吃梨。每次孔融总是拿一个最小的梨子。有一次，爸爸看见了，问道："你为什么总是拿小的而不拿大的呢？"孔融说："我是弟弟，年龄最小，应该吃小的，大的还是让给哥哥吃吧！"

孔融小小年纪就懂得兄弟姐妹相互礼让、相互帮助、团结友爱的道理，全家人都感到惊喜。孔融让梨的故事流传千载，成为谦逊礼让、团结友爱的典范。

程门立雪

杨时是北宋时一位很有才华的才子，南剑州将乐人（今福建南平）。中了进士后，他放弃做官，继续求学。

程颢、程颐兄弟俩是当时很有名望的大学问家、哲学家、教育学，洛阳人，同是北宋理学的奠基人。他们的学说为后来的南宋朱熹所继承，世称程朱学派。

杨时仰慕二程的学识，投奔洛阳程颢门下，拜师求学，四年后程颢去世，他又继续拜程颐为师。这时他已年过40，仍尊师如故，刻苦学习。一天，大雪纷飞，天寒地冻，杨时碰到疑难问题，便冒着凛冽的寒风，约同学游酢一同前往老师家求教。当他来到老师家，看见老师坐在椅子上睡着了，他不忍打搅，怕影响老师休息，就静静地侍立门外等候。当老师一觉醒来，他们的脚下已积雪一尺深，身上也飘满了雪。老师忙把杨时、游酢二人请进屋去，为他们讲学。

后来，"程门立雪"成为广为流传的尊师典范。

现代社会，人们的社会联系愈加紧密，相互交流愈加频繁，每个人都不是孤立的个体，而是文明社会的重要一分子。遵从礼仪作为反映一个人的教养水平的重要标志，在社会交往中尤为重要。创造文明和谐的社会生活，需要我们"知礼""明礼""习礼"，进而"达礼"。

古人说："君子修礼以立志，则贪欲之心不来；君子思礼以修身，则怠惰慢易之节不至；君子修礼以仁义，则忿争暴乱之辞远。"[1]一个人格高尚的人思考礼节，用以修正身心，懈怠、懒惰、傲慢、轻率的习气就不会发生了。对个人而言，人们只有接受礼的教育和熏陶，品行高尚才有可能，所以说"礼为万事亨通之根本，礼为一切道德之根基"。

"礼者，所以固国家、定社稷，使君无失其民者也。"[2]在我国绵延数千年的文明发展历程中，"礼"作为一种伦理制度和伦理秩序发挥着极其重要的作用。西周时期，周公"制礼作乐"揭开了我国礼乐文明的序幕。孔子提出"克己复礼为仁"[3]"不学礼，无以立"[4]"道之以德，齐之以礼"[5]。孟子提出"以仁存心，以礼存心"[6]。荀子认为礼是"人道至极"[7]"道德之极"[8]"国之命脉"[9]，以及"天下从之者治，不从者乱；从之者安，不从者亡"[10]"人无礼则不生，事无礼

〔1〕《说苑·修文》。
〔2〕（汉）贾谊：《新书·礼》。
〔3〕《论语·颜渊》。
〔4〕《论语·季氏》。
〔5〕《论语·为政》。
〔6〕《孟子·离娄下》。
〔7〕《荀子·礼论》。
〔8〕《荀子·劝学》。
〔9〕《荀子·强国》。
〔10〕《荀子·礼论》。

则不成，国家无礼则不宁"〔1〕。汉代思想家反思秦朝任法任刑之弊，提出"夫礼者禁于将然之前，而法者禁于已然之后，是故法之所用易见，而礼之所为生难知也"〔2〕，开启了引礼入法、礼法结合进程。之后两千余年的中国历史，礼与政治、道德与法律的关系愈加密切，"国之治乱系于礼之兴废"也成为社会的高度共识。

历经几千年的演变和更替，传统文化中"礼"的内容已随着时代的变迁发生了巨大的变化，但"礼"对公民个体修养的提升、社会关系的规范和社会秩序的促进依然十分重要。在现代社会提倡遵礼，不仅是我们提高个人修养、处理人际关系的必修课，更是维护社会秩序、创造和谐社会必不可少的要素和条件。

思考题

1. 你认为"礼"是什么？"礼"在我国历史发展中有哪些重要的作用？

2. 你认为现代社会中"礼"的哪些要素仍然发挥着作用，发挥着哪些重要作用？

3. 请举出一个你认为比较典型的知礼、尊礼的例子，并说明原因。

---

〔1〕《荀子·修身》。
〔2〕《汉书·贾谊传》。

二、以礼节人

林放问礼之本。子曰："大哉问！礼，与其奢也，宁俭；丧，与其易也，宁戚。"

——《论语·八佾》

孔子曰："博学于文，约之以礼，亦可以弗畔矣夫。"意思是说，（君子）博学于诗书等典籍，又能用礼来检束自己，也就可以称得上不背离圣贤大道了！一般认为，文化素质的高低与品德修养的好坏是成正比的。我们要广泛地学习文化知识，从学习中唤醒自己的良知，以广博的学识提高自身的道德素质。但是只学习文化知识是不够的，一个人的知识越深厚，越要注重用道德约束自己的思想和言行。

"礼"从形式上说，应该遵循一定的规则，但是，这些形式远非"礼"的根本。同样地，一些人虽然于外在表现上符合"礼"的要求，但是在内心深处是抵触的、消极的、不情愿的，这种情绪一旦滋生蔓延，即便他能够做到一时守礼、尊礼，但长此以往，必然会暴露自己真实的想法，做出违礼、无礼的行为。

践行礼节绝非外在形式上的表现。有的人见面鞠躬问候，内心却充满了轻蔑甚至仇恨。这并不是践行礼节，恰恰相反，这是对礼的否定，是失礼。还有的人"看人下菜碟"，对领导、对用得上的人以礼相待；对下属、对与己无关的人，特别是对服务行业的人则颐指气使，缺乏应有的礼貌与尊重。还有的人属于被动"还礼"，别人怎样对待自己，自己就以同样的方式回报别人，美其名曰：不吃亏。这几类人践行的礼仪，其内核不是仁爱，而是利益。礼仪对他们而言，仅是外在的形式、手段和工具而已，与内心情感无关，与自身素质无关。这样的礼是虚伪的礼，迟早会被戳穿，其所获的利益也不会长久。

望尘而拜

潘岳，字安仁，是西晋的文学家。他喜好追名逐利、趋炎附势，与著名的富豪石崇一起巴结奉承权臣贾谧。他们为表现其甘愿为奴的忠心，每次见到贾谧的车驾都对着车轮卷起的尘土叩拜行礼。潘岳的母亲对他的媚行很有看法，便规劝他说："你已经做到黄门侍郎，俸禄丰厚，应该知足了。可你为什么还是没完没了地阿谀奉承，难道就没有一点读书人的风骨吗？一旦贾氏失势，你后悔就来不及了。"潘岳将母亲的话当成耳旁风，依旧我行我素。在不久后发生的"八王之乱"中，贾谧被赵王司马伦杀死，潘岳被指为贾谧党羽而被处以极刑。这时潘岳想起母亲的话，觉得非常有道理，但是悔之晚矣。

传统文化中"礼"的作用，对社会来说在于规范行为，对个人来说在于自我节制。有德有位的君子一定要态度恭敬、自我节制、谦逊退让以彰明礼教。

六尺巷

"六尺巷"的典故源于清代康熙年间，发生在安徽省桐城县。当时，张英担任文华殿大学士兼礼部尚书，他的老家桐城的相府与吴家为邻。两家院落之间有条巷子，供双方出入使用。后来吴家要建新房，想占这条路，张家人不同意。双方争执不下，将官司打到当地县衙。县官考虑到两家人都是名门望族，不敢轻易了断。这时，张家人一气之下写了封加急信送给朝中尚书张英，要求他出面解决。

张英看了信后，认为应该谦让邻里，他在给家里的回信中写了四句话："千里来书只为墙，让他三尺又何妨？万里长城今犹在，不见当年秦始皇。"家人阅罢，明白其中含义，主动让出三尺空地。吴家见状，也主动让出三尺地，于是留下六尺空地，成为人人都能通行的一条巷道，后称为"六尺巷"。

这个故事不仅体现了张英的宽容和谦逊，也成为中华民族礼让宽容美德的象征。六尺巷的故事被广泛传诵，至今依然带给人不尽的思索与启示。

我们所说的"礼节"，不仅是生活中的一种惯用形式，更是用来节制我们言行的规范。古人云："言语知节，则愆尤少，举动知节，则悔吝少。爱慕知节，则营求少，欢乐知节，则祸败少，饮食知节，则疾病少。"由此可见，礼与节对我们生活的重要影响。因此，我们对待礼不能敷衍了事，应该至诚恭敬，从一点一滴做起，认真对待。

划粥割齑

范仲淹是北宋初年杰出的政治家、文学家。他不仅在政治上有卓越贡献，而且在文学、军事方面也表现出非凡的才能。著名的《岳阳楼记》就是出自他手，文章中"先天下之忧而忧，后天下之乐而乐"的名句深为后人所喜爱，广为传诵。

范仲淹在应天府书院期间，生活条件非常艰苦，他把粥划成若干块，咸菜切成碎末（划粥割齑），当作一天的饭食。一天，范仲淹正在吃饭，他的同窗好友来看望他，发现他的吃食非常糟糕，于心不忍，便拿出钱来，让范仲淹改善一下伙食。范仲淹很委婉但十分坚决地推辞了。他的朋友没办法，第二天送来许多美味佳肴，范仲淹这次接受了。

过了几天，他的朋友又来拜访范仲淹，结果吃惊地发现，上次送来的鸡、鱼之类的佳肴都变质发霉了，范仲淹一筷子都没动。他的朋友有些不高兴地说："希文兄（范仲淹的字，古人称字，不称名，以示尊重），你也太清高了，一点吃的东西你都不肯接受，岂不让朋友太伤心了！"范仲淹笑了笑说："老兄误解了，我不是不吃，而是不敢吃。我担心自己吃了鱼肉之后，咽不下去粥和咸菜。你的好意我心领了，你千万别生气。"朋友听了范仲淹的话，更加佩服他高尚的人品。

《礼记·乐记》篇写道，"所以君子收敛情欲从而调和自己的心志，比附善类从而成全自己的德行，奸邪淫乱的声色不让经耳过目，不让淫乐秽礼接触内心，不让怠惰、骄慢、邪僻的习气附加于身体，使自己的耳目口鼻、思想以及全身各处，都来实行合乎道义的举措。"[1]孔子也曾说"非礼勿视，非礼勿听，非礼勿言，非礼勿动"，这些都强调了礼作为规范的重要意义。

思考题

1. 你认为"礼"对人们的规范作用体现在哪些方面？请举例说明。

2. 结合自身实际，你认为要想做到事事都符合"礼"的要求，要从哪些方面加以注意？

3. 以"望尘而拜"的典故出发，谈一谈虚假的"礼"和真诚的"礼"的区别有哪些？

---

〔1〕《礼记·乐记》篇载："是故君子反情以和其志，比类以成其行，奸声乱色，不留聪明；淫乐慝礼，不接心术；惰慢邪僻之气，不设于身体，使耳、目、鼻、口、心知百体皆由顺正，以行其义。"

三、平常之礼，日修之德

> 今人之性，固无礼义，故强学而求有之也。性不知礼义，
> 故思虑而求知之也。
>
> ——《荀子·性恶》

许多人可能会有这样的记忆，很小的时候，父母总会教导我们要懂礼貌，见了长辈要问好，见了老师要行礼……这些只是为人遵礼最基本的要求。其实，这是要求大家在最早的时候、从最小的地方做起，从而养成守礼、遵礼的习惯。在社会中，但凡有人交往的地方，就会有礼仪的存在。从每日做起、从最小的事情做起，养成日修礼仪的习惯，对适应社会、创造良好的人际关系具有十分重要的意义。

当今社会，由于一些人对物质的过分贪婪，对安逸的过分向往，对享乐的过分追求，产生了一些不良的社会风气，出现了一些社会不良现象。究其原因，是人们缺少礼的教化和德的培积，以至于思想追求偏离了正确的价值观。也许有人会为自己"无礼"的行为找各种各样的理由，比如没有良好的家庭教育、没有积极的社会环境、没有丰富的精神财富、没有优渥的物质条件……但是，比寻找客观原因更重要的是，我们应该反思，为什么那么多人身处逆境，依然能够意志坚定，为学不辍？在索求之余、埋怨之余，更应思考我们为家庭做了什么，为社会做了什么，给后人留下了多少精辟的思想，给人类创造了多少物质财富。因此，我们要从改变自身做起，学礼积德，修身养性，积极向上，完善自我。

凿壁偷光

西汉时期，有一个少年叫匡衡。由于家境贫寒，匡衡买不起油灯，

晚上也不能看书。一天晚上，匡衡从外面回家，只有邻居家的窗户透着光亮。匡衡忽然想到了一个主意，回到家，他就在自己与邻居家共用的那面墙上摸来摸去，终于找到一处墙壁有破损的地方。他找来一把小刀，沿着破损的墙壁轻轻地抠，不一会儿，一道弱弱的光线就从墙缝中透射过来。匡衡兴奋极了，于是，便借着这一点点光线看起书来。光线太暗了，看一会儿眼睛就酸困酸困的，他就稍稍休息一下，继续看。凭着凿壁借光这样的毅力，匡衡博览群书，终于成为西汉著名的学者。

在社会交往中，要亲近、尊敬德才兼备的人。正如古人所说的："亲附善者，如雾露中行；虽不湿衣，时时有润。"亲近依附良师益友，就如同清晨时我们在薄雾雨露中行走，露水虽然不能湿透我们的衣服，但是每时每刻都能滋润我们。与良师益友亲近，他们的道德学识就能时时刻刻影响我们，使我们的德才与日俱增。

"杂交水稻之父"——袁隆平

袁隆平院士是世界著名的杂交水稻专家，是我国杂交水稻研究领域的开创者和带头人，为我国粮食生产和农业科学的发展作出了杰出贡献。

为了寻找天然雄性不育水稻，在安江农校附近的稻田里，袁隆平一垄垄、一行行地检查了几十万株稻穗。他冒着高温，有时在田里晕倒了爬起来继续找，终于在1970年，袁隆平及助手在海南南红农场工作人员的帮助下，于当地一处沼泽中发现了后来被称为"野败"的雄性不育野生稻。袁隆平以它为母本，培育出了200多粒"野败"的第二代不育株稻种种子。从第一株天然杂交稻到"野败"，经历了将近十年时间，杂交水稻研究终于找到了突破口。[1]

在全国农业科技工作者的共同努力下，1976—1999 年累计推广种植杂交水稻 35 亿多亩，增产稻谷 3500 亿千克。近年来，全国杂交水稻年种植面积 2.3 亿亩左右，约占水稻总面积的 50%，产量占稻谷总产的近 60%，年增稻谷可养活 6000 万人口，社会效益和经济效益十分显著。

袁隆平院士热爱祖国、品德高尚，他的成就和贡献在国内外产生了强烈反响。杂交水稻的研究成果获得我国迄今为止唯一的发明特等奖，并先后荣获联合国教科文组织、粮农组织等多项国际奖励。[2]

应该说，生活在我们周围的亲朋好友、同事、邻居等并不都是德才兼备的人，而是优缺点并存。这种情况下，就需要我们辩证地看待并灵活地处理各种关系。《礼记·曲礼上》篇中写道，对有德才的人要亲近而且尊敬，畏服而且爱慕。对喜欢的人能知道他的缺点，对讨厌的人也能知道他的长处。能积蓄财物，也能散发给穷人；安于安逸的生活，也能适应环境的变迁。面对财物不要随便获取，面临危难不要随便逃避。辩论是非不要斗气必求胜人，分配东西不要妄求多占。怀疑的事情不要硬说是真实的，纠正澄清问题要谦逊，不要炫耀此见解为自己所有。[3]如能坚持做到上述几点，把握好尺度，人际关系定会和谐，事业学业也定能成功。

孟母三迁

孟子很小的时候，父亲就去世了，孟母依靠纺织麻布来维持艰难的生活。孟子非常聪明，看见什么就学什么，而且模仿本领特别强。

---

[1] 新华社：《让所有人远离饥饿——袁隆平的故事》，载 http://politics. people. com. cn/n1/2023/0530/c1001-40002331. html，最后访问日期：2024 年 9 月 20 日。

[2] 科技部：《袁隆平》，载 https://www. most. gov. cn/ztzl/kjrw/200709/t20070904_54260. html，最后访问日期：2024 年 9 月 20 日。

[3] 《礼记·曲礼上》："贤者狎而敬之，畏而爱之。爱而知其恶，憎而知其善。积而能散，安而能迁。临财毋苟得，临难毋苟免。很毋求胜，分毋求多。疑事毋质，直而勿有。"

起初孟子家在墓地附近，每隔几天，就会有送葬的队伍吹着喇叭经过他家门口。好奇的孟子就跟着送葬的队伍学着吹喇叭，引得一群孩子跟在他后面跑着玩儿，大家一起玩送葬的游戏。孟母非常重视孟子的教育问题，看到孟子整天吹喇叭玩送葬游戏，赶紧搬家到城里，住在屠宰场的旁边。搬到城里后，孟子每天都到屠宰场看杀猪，那些屠夫杀猪时手脚利落，十分熟练。没过多久，他竟然能帮着杀猪了。孟母非常着急，又把家搬到了学堂附近。于是，每天早晨孟子都跑到学堂外面，摇头晃脑地跟着学生们一起读书，并且变得守秩序、懂礼貌。当时，孔子的孙子正在这里当老师，他见孟子学什么都很快，而且记忆力特别好，非常喜欢他，还让他免费进学堂读书。后来，孟子果然没有辜负孟母的期望，成为战国时期的思想家和儒家学派主要代表人物。[1]

总之，生活中只有处处有礼、时时有节，才能做到言谈举止得体、行住坐卧有度。凡事注重礼节，是一个人品质中的可贵之处。

思考题

1. 日常生活中学礼懂礼，需要注意哪些事项？

2. 文中提到的古人克服环境困难努力学习的事例，与"孟母三迁"为小孟子寻找良好学习环境的事例是否矛盾？你如何看待上述行为？

3. 在你的成长过程中见过哪些德才兼备的人？你是如何向他们学习的？

---

〔1〕（西汉）刘向：《列女传·邹孟轲母》。

四、礼非不争，得失有衡

子曰："道不远人。人之为道而远人，不可以为道。"

——《中庸》

在当今社会中，人们不缺少知识，却缺乏礼节。可能有人会说："拥有知识的人，难道不懂礼节吗?"这话问得好！按常理来讲，越有知识的人应该越有礼貌、越有涵养，但事实往往并非如此。在公交车上、地铁里及公共场所，有人对老人、儿童和孕妇，以及比自己年长的人视而不见，拒不让座；在马路上开车时，有人不愿主动避让行人，无视规则，抢行违章；与他人聚餐时，面对美味佳肴，有人不懂谦让，我行我素。以上这些不文明行为的出现，难道是因为人们没有知识吗？其实质是礼节上的缺失。礼节需要学习，更需要践行。

高铁"霸座"事件

2018年8月21日上午，有网友发帖反映，在从济南站开往北京南站的G334次列车上，一名男乘客霸占别人的靠窗座位，不愿坐回自己的座位。女乘客叫来列车长后，该男乘客自称"站不起来"。列车长问其是否身体不舒服或者喝了酒，对方回答："没喝酒。"列车长问："没喝酒为什么站不起来?"对方称："不知道。"并表示到站下车也站不起来，需要乘务员帮助找轮椅。他拒绝坐回自己的座位，并让女乘客要么站着，要么坐他的座位，要么去餐车。

座位被占的女乘客是一名刚毕业的女生，从济南西站上车，而当事男乘客自己的座位与该座位仅隔着一两排。最后，列车长和乘警劝导男乘客无果。

2018 年 8 月 22 日晚，当事男子孙先生进行了回应，称自己当时态度不太好，对自己的行为很后悔，并向女乘客表示道歉。

针对高铁"霸座"事件，人民日报评论：不管是规则还是文明，都需要所有社会成员共同守护。每一次对高铁霸座事件的曝光、讨论，都是关于规则意识的公开课。同样，无论是高铁、飞机座椅靠背如何后靠，还是旅途中有孩子哭闹时应该如何处理，相关讨论其实都是凝聚规则共识、文明共识的契机。而在不文明行为可能被随时随地"现场直播"的今天，每个人都需要培养一点尊重规则、敬畏规则的"镜头感"。

也许有些人会说："弱肉强食"不是自然界的准则吗？对于这样的疑问，我们一定要认真思考，"弱肉强食""丛林法则"是动物界的规则，但并不一定是人类社会的法则。"人是万物之灵长"，那是因为人类有思想、有道德，能够创造世界、改变世界。人类是崇尚道德的，是以礼相待的，所以古人云："人以礼乐为先，树以枝叶为圆。"意思是说："人类的交往，以礼貌谦让、轻松快乐为首先；树木的生长，以枝繁叶茂、生机勃勃为圆满。"因此，古人云："遵礼蹈绳，修身守节。"意思是说："人们要遵从礼节，慎守法度；修养身心，坚守节操。"

传统文化中对礼仪的讲究有很多，不同的阶层、不同的行业都有不同的礼仪规则，日常生活中也同样对诸多礼仪有明确的规定，如有见面之礼、入座之礼、饮食之礼和拜贺庆吊之礼等，这些在《礼记》和《弟子规》等典籍中都可以看到。现代社会远比古代复杂，人们的生活非常丰富，每天会以不同的身份、角色面对不同的个体或人群，出现在各种不同的场所，处理各种事情。如此一来，我们就会面临很多不同的境况，需要具有与自身身份、所处场合、面对对象等协调一致、合宜得体的言行举止，如此才能够充分显示出个人的气度和修养。

那么在遵从礼节时，我们应该注意些什么呢？

第一，是要讲身份（社会角色）。在古代社会，礼是有一套严密的规格和制度的，"君君臣臣"讲的就是礼有阶层性，不同的身份要适用不同的礼制，否则就是"逾礼"。《论语·八佾》篇中记载："孔子谓季氏：'八佾舞于庭，是可忍也，孰不可忍也？'"季氏是当时鲁国一位有权有势的大臣，有一天在家中设宴，按规定他只能欣赏四行的舞蹈，但季氏摆出只有周天子才能欣赏的八行八列的舞蹈。孔子听说这件事后感叹："如果这样的事情都能够容忍，还有什么事情不能容忍呢？"由此可见，孔子对"逾礼"行为的愤怒。

身份在古人看来主要是等级阶层划分的结果，在当今社会中，人人平等，不存在高低贵贱之分，但是社会角色的意识仍然是必要的。例如，作为一名教师，在社会生活中，必须注意为人师表的形象，仪容要整洁，言谈要文明等。如今，某些教师不注意自身形象，存在说脏话、向学生家长乱收费等行为，这样的老师课讲得再好，也不会得到学生和家长的尊重。因此，不论从事哪种职业、身处何种地位，都要了解社会、他人对此种身份的基本要求，在日常生活中必须注意与谨守，这样才会获得社会的认可与人们的尊重。

四知金

　　杨震，字伯起，东汉时期弘农华阴人。大将军邓骘听说杨震是个人才，于是举他为茂才，后升任荆州刺史、东莱太守。当他去郡经过昌邑时，从前他推举的荆州茂才王密正做昌邑县长，王密去看杨震，晚上送金十斤给他。杨震说："老朋友知道你，你为什么不知道老朋友呢？"王密说："晚上没有人知道。"杨震说："天知、神知、我知、子知，怎么说没有人知道呢。"王密惭愧地走了。后来杨震担任涿郡太守。公正廉明，不接受私人请托。子孙蔬食徒步，生活俭朴，他的一些老朋友或长辈，想要他为子孙置产业，他说："让后世的人称他们为清白吏的子孙，不是很好吗？"

最美奋斗者——杨善洲

杨善洲，中共党员，云南省保山市施甸县姚关镇人，曾任云南省保山地委书记。

1988年3月退休以后，主动放弃进省城安享晚年的机会，扎根大亮山，义务植树造林，带领大家植树造林建成面积5.6万亩、价值3亿元的林场，且将林场无偿捐赠给国家。杨善洲在退休之后，获得"全国绿化十大标兵""全国绿化奖章""全国老有所为先进个人"等众多荣誉，被誉为"活着的孔繁森"。他还是2011年全国道德模范候选人，2011年《感动中国》十大人物获奖者。

2018年12月18日，党中央、国务院授予杨善洲同志改革先锋称号，颁授改革先锋奖章，并获评不忘初心、奉献一生的退休干部楷模。2019年9月25日，杨善洲获得"最美奋斗者"荣誉称号。

作为一名共产党员，杨善洲同志六十年如一日，始终坚定共产主义理想信念，牢记党的宗旨，时时处处以共产党员的标准来衡量和要求自己。他说："我1952年入党，其实当时自己没想到能入党，因为觉得自己条件不够，是组织看我表现不错，把我确定为重点培养对象。随着思想觉悟的提高，我越来越觉得加入中国共产党是一种正确的选择。共产党的宗旨是全心全意为人民服务，这正是我一直想做的事情。入党后，我很快找到了人生方向和奋斗目标。"他还说："我是共产党员，哪能光想着自己？把自己的家庭搞得富丽堂皇，别人却过着艰难日子，那么，我们常说的完全、彻底地为人民服务，不是成了骗人的假话吗？无论在什么时候、何种环境中，我们都不能忘了党的根本宗旨，应该把坚持党的宗旨作为一切行动的出发点和归宿。"

第二，遵从礼节还要区分场合。不同场合对人们的言行举止有不同的要求。例如，有的年轻男女在公共场合举止过于亲密，可能给他人造成了不良影响。公共场合是为公众所共有的空间，每个人的言谈举止应顾及他人的感受，一味地我行我素是个人素质不高、失礼的表现。又如，有人性格诙谐、爱讲笑话，如果是在私人聚会等场合往往可以活跃气氛，但是在公务、会议等一些严肃场合乱开玩笑，往往会引发未知的后果，给自己带来负面影响。

三国时期的名士祢衡少有才辩，性情刚傲，好侮慢权贵。孔融激赏其才性，称赞他"淑质贞亮，英才卓砾"，多次向汉献帝和曹操举荐。曹操召见祢衡，但祢衡素来蔑视曹操，自称狂病，不肯往见，且有放言。曹操怀忿，然惜其才名，不忍杀之，而强召作鼓史。祢衡则当众裸身击鼓，反辱曹操。曹操遣送荆州牧刘表。复因侮慢刘表，再被转送江夏太守黄祖，终因当众辱犯黄祖而被杀，年仅二十六。

第三，遵行礼仪，还必须符合民族习惯和地域风俗。"十里改规矩""入乡随俗"之类的俗语，是人们几千年来与人交往经验的总结。不同的民族、不同的地域乃至不同的国家对礼仪的要求是不同的。例如，在外交场合，有的国家施行贴面颊问候的方式，有的国家喜欢相互拥抱问好，还有握手、鞠躬等诸多方式，有的国家则不愿意身体接触。因此，在贵宾到访前，相关的风俗习惯都必须了解得一清二楚，才不致出错，引起误会。

第四，遵从礼仪，还要注意个人形象。在交往中，要想给他人留下美好而深刻的印象，外在美固然重要，高雅得体的举止谈吐则更易让人喜爱。日常生活中，我们要有意识地养成良好的行为姿态，做到举止端庄、优雅懂礼。我国自古以来就对人的行坐举止有良训，如《弟子规》中说："步从容，立端正。揖深圆，拜恭敬。勿践阈、勿跛倚。勿箕踞、勿摇髀。"正确而有礼的举止，可以使人显得有教养，给人以美的好印象。《礼记·曲礼上》篇中提及，不要侧耳偷听，不要叫喊着答应，不要随便乱看，不要懈怠放纵。行走不要傲慢，站立不要倾斜，坐时不要岔开双腿、睡时不要趴着。[1]可见，重视个人形象的塑造的看法古已有之，更况今人，所以需要多加以注意。

思考题

1. 在你的成长经历中见过哪些不讲礼数、规则的典型事例？我们应当从中学到哪些教训？

2. 生活中的哪些场合是学习礼节、践行礼节的重要时机？

3. 除了文中所讲到的观点，你认为践行礼节还应注意哪些事项？

---

〔1〕《礼记·曲礼上》："毋侧听，毋噭应。毋淫视，毋怠荒。游毋倨，立毋跛，坐毋箕，寝毋伏。"

五、不学礼，无以立

知不足，然后能自反也；知困，然后能自强也。

——《礼记·学记》

《礼记·曲礼上》篇中提到，礼，是用来确定亲疏，判断嫌疑，区别同异，辨明是非的。礼，不要胡乱取悦于人，不说做不到的话。礼，不能超越界限，不能侵犯侮慢，不能轻挑戏弄。修养身心，实践诺言，这叫作完美的品行。品行完美，说话合乎正道，这就是礼的本质。[1]在生活中，长幼尊卑、亲疏贵贱的建立，以及鉴别善恶、美丑、好坏、对错，都离不开礼的标准。所以遵循礼，可以不说错话、不做错事，不超越本分、不伤害他人，可以提高修养、自我完善，帮助人成就事业。

孔子曾强调礼在践行美德时的规范作用：过于恭敬而不符合礼的规定，自己就会烦扰不安；过于谨慎而不符合礼的规定，自己就会畏缩拘谨；一味勇猛而不符合礼的规定，就会违法作乱；一味直率而不符合礼的规定，就会尖刻伤人。[2]

"恭""慎""勇""直"都是传统文化中所倡导的优秀品德，但是一味追求这些美德，而忽视"礼"的规制，必然会走向极端，起到过犹不及的反效果。因此，荀子在《礼论》中说，人如果一味贪生，反而会死；一味贪利，反而招祸；安于懒惰懈怠，一定会遭遇危难；乐于纵情享受，一定会导致灭亡。若用礼义规范自身，那么礼义与性情二者就能兼得；如果随性妄为，则两者皆失。

---

〔1〕《礼记·曲礼上》载："夫礼者，所以定亲疏、决嫌疑、别同异、明是非也。礼，不妄说人，不辞费。礼，不逾节，不侵侮，不好狎。修身践言，谓之善行。行修言道，礼之质也。"

〔2〕《论语·泰伯》："恭而无礼则劳；慎而无礼则葸；勇而无礼则乱；直而无礼则绞"。

割肉自啖

齐国有两个好争锋斗勇的人，一个住在城东，一个住在城西。有一天，两个人在路上相遇了，其中一个人对另外一个人说："难得见一面，我们一起去喝酒吧。"

于是，二人找了个酒馆喝了起来。但酒过几巡，只喝酒两个人觉得未免太乏味，于是其中一位就又提议："我们去买点肉佐酒吧。"

面对对方买肉的提议，另一个勇士说道："你身上有肉，我身上也有肉，何必再去买肉呢？在这里准备点豆豉酱就可以了。"

就这样，两位"勇士"拔出刀开始互相割肉吃，直到因流血过多而死。

对于两位"勇士"这样的举动，古人的评价是：像这样的勇敢不如没有（勇若此不若无勇）。

有人可能会问：今天我们强调法治社会，在法律面前，礼的作用是不是就没有以前那么大了？对于"礼"与"法"的关系问题，习近平总书记就曾强调："法律规范人们的行为，可以强制性地惩罚违法行为，但不能代替解决人们的思想道德的问题。我国历来就有德刑相辅、儒法并用的思想。法是他律，德是自律，需要二者并用。如果人人都能自觉进行道德约束，违法的事情就会大大减少，遵守法律也就会有更深厚的基础。"[1]

曾有人评价说，秦、隋两朝是我国古代法制程度很高的朝代，但都摆脱不了"二世而亡"的命运。秦、隋两朝灭亡的根本原因是横征暴敛、不恤民力，导致经济崩溃、百姓离心。汉、唐两朝虽然大部分

---

〔1〕习近平：《严格执法，公正司法》（2014年1月7日），载《十八大以来重要文献选编》（上），中央文献出版社2014年版，第722页。

继承了秦、隋两朝的法律制度，但重视休养生息、恢复经济，在完善法制的同时，强调道德的教化作用，因此在汉、唐两朝诞生了"文景之治""贞观之治""开元盛世"这样的太平盛世。汉代著名学者贾谊在《过秦论》中这样总结秦朝灭亡的原因："然秦以区区之地，致万乘之势，序八州而朝同列，百有余年矣；然后以六合为家，崤函为宫；一夫作难而七庙隳，身死人手，为天下笑者，何也？仁义不施而攻守之势异也。"这明确强调了道德建设在国家治理当中的重要作用。

也许有人会问：如果我们以礼真诚待人，别人却很无礼，应该怎么办？对许多人来说，与他人接触之初，都能做到以礼待人，但是当发现对方态度恶劣时，内心就会滋生抵触情绪，认为自己的礼貌没有得到应有的尊重。有当场表露不满的，有愤然离去的，有选择不再往来的，有态度冷漠的。这其实是"自我防卫"的一种表现，即不想让他人的无礼行径伤害自己，有的人甚至用同样无礼的方法回敬对方。可是如此一来，对方并没有损失什么，而我们却降低了自己做人的基本准则，反而得不偿失了。

任何优秀的品质都不应因受外在的不良影响而变化。我们往往无法改变环境，却能选择对自己所遵守礼节的坚持。因此，无论是别人不当的言语、行为，还是自己的情绪变化，抑或时过境迁、自身财富地位的改变，都不应改变我们遵守礼仪、尊敬他人、真心待人的基本做人准则。长此以往，我们肯定会受到大家的认可与尊敬，并感染更多的人遵从、践行礼仪。

吾心有主

《元史·许衡传》中记载：宋元之际，世道纷乱。一学者许衡，行路时口渴难忍。路遇梨树，众人皆围而摘梨，唯许衡不为所动。人问

之，曰："此非吾梨，岂能乱摘?"人以其迂腐，讥之："乱世梨无主。"衡正色曰："梨虽无主，而吾心有主。"

许衡之所以不吃梨，不是因为他不热、不渴，而是他内心的"主"不允许他像身边的人一样肆无忌惮地去摘梨。这样一件"小事"，却折射出了他慎微慎独、己心不欺的可贵品质，反映出了许衡立身行事的一种准则、修养与境界。"吾心有主"代代流传下来，为世人所钦佩叹服。"吾心有主"，意味着一个人能够恪守自己的为人原则，面对外界的干扰与诱惑，无论有没有监督，都能做到坚守本心，不为外物所役、不被名利所困。

守岛夫妻

王继才生前是江苏省灌云县开山岛民兵哨所所长。1986 年 7 月 14 日，有军人情结的王继才瞒着妻子王仕花，接下了到开山岛值守的"苦差事"。开山岛离陆地有 12 海里，是祖国的海上东大门。小岛只有两个足球场大，战时是兵家必争的黄海前哨、战略要冲，必须得有人值守。一到夜晚，狂风袭岛。在他上岛前，来过 4 批 10 多个民兵守岛，最长的只待了 13 天。

后来，王仕花辞掉教师工作，把女儿托付给婆婆，带着包裹上岛了。从此，他守着岛，她守着他，直到王继才生命的最后一刻。32 年，一口水窖、三只小狗、四座航标灯、数十棵被吹歪的苦楝树、200 多面升过的旧国旗，构成他们的守岛岁月。

王继才夫妻俩每天做的第一件事就是在岛上升起五星红旗。

没有人让他们升旗，王继才却认定，在这座岛上国旗比什么都重要："升起国旗，就是要告诉全世界，这里是中国的土地，谁也别想欺负咱！"一次，台风来袭，为了护着国旗，王继才一脚踩空滚下17级台阶，肋骨摔断了两根，可他手里还紧紧抱着那面国旗。他说："守岛这么多年，开山岛就是我的家，如果哪天真出事了，就把我埋在岛上，让我一辈子陪着国旗！"

2018年7月27日，积劳成疾的老民兵王继才，倒在了开山岛的台阶上。王继才被追授"全国优秀共产党员"称号，2019年被授予"人民楷模"国家荣誉称号。王继才、王仕花夫妇荣获"最美奋斗者""时代楷模""全国爱国拥军模范"等称号。[1]

当然，谈礼的根本在于人内心的真情实感，并不是彻底否定外在形式。对于"仁"与"礼"的关系问题，孔子认为"仁"是第一位的，"礼"是第二位的，即"礼产生于仁之后"。尽管"仁"是根本，但终究是抽象的道德和品质，是看不见、摸不着的思维和感情，需要依靠"礼"这样的外在形式来表达和体现。礼仪需要长时间地学习和反复地演练，所以孔子才把礼乐当作一项非常重要的学习内容向弟子们传授，通过授礼的方式，强化对"仁"的认识，最终使"仁"的思想得到升华。

孔子说，一个人，如果内在的本质（仁）强过外在的文采和礼节（礼），就会显得粗野，而外在的文采和礼节（礼）强过内在的本质（仁）则会虚浮不实。只有外在的文（礼）和内在的质（仁）相互统一起来，比例恰当，才能成为君子（品德高尚的人）。[2]所以，从完善个人素质的角度来说，在遵从"礼节"的时候，不能仅仅满足于摆摆架子、做做样子，更重要的是时刻把"仁"放在"礼"的核心地位，先有"仁心"，后有"礼节"。比如长辈开门进来，晚辈说我内心很尊

---

[1] 解放军报：《王继才、王仕花夫妇：守岛就是守国》，载 http://military. people. com. cn/GB/n1/2021/0622/c1011-32137162. html，最后访问日期：2024年9月20日。

[2] 《论语·雍也》："质胜文则野，文胜质则史。文质彬彬，然后君子。"

重你，但坐着不动，不主动问候，显然是失礼的表现。而如果起身迎接，主动问候，却心存不敬，则是有礼无德的虚伪之举。只有心中存有仁爱之情并通过适当的方式表达出来，才是真正的依礼而行，才称得上是有道德、高素质的人。

依礼而行，不仅要求我们克制自己的不良欲望，抵制各种负面诱惑，更要积极学习礼仪、践行礼仪，与品行端正的人交往，增进自己的德行，使社会主义核心价值观内化于心、外见于行。我们每一个人，都应立足于礼节之上，尊重礼节、依礼行事，打牢做人的根基！

思考题

1. 请举例说明"慎独""慎微"对个人成长的重要意义。

2. 什么样的做法是虚假地践行"礼"，怎样做才是真正地践行"礼"？

3. 当别人无礼地对待我们，我们怎样做才算有礼、有节？请举例说明。

推荐书目

1.《彭林说礼》，彭林，电子工业出版社 2011 年版。

2.《国民必知社交礼仪读本》，向天，中国书籍出版社 2010 年版。

推荐电影

1.《袁隆平》（2009 年），史凤和执导。

2.《杨善洲》（2011 年），董玲执导。

第五篇

交　友

　　古往今来，友情在人们的生活中占据着重要位置。《周礼·地官·大司徒》将"联朋友"[1]作为"安万民"的途径之一。郑玄注："同师曰朋，同志曰友。"儒家十分重视交友，孔子将朋友列为五伦之一，提倡朋友之间以道相合、以信相处，将其作为修己成德的修养方法与推行仁道的重要途径，并总结出一系列交友原则与方法，代代流传，影响至今。

【阅读提示】

1. 懂得积极向上的友情观对个人成长的重要意义。
2. 掌握交友的基本原则。

---

〔1〕　出自《周礼·地官司徒·大司徒》。原文为："以本俗六安万民：一曰美宫室，二曰族坟墓，三曰联兄弟，四曰联师儒，五曰联朋友，六曰同衣服。"意思是说，（大司徒的职责包括）用六种传统风俗使万民安居：一是使房屋坚固，二是使坟墓按族分布，三是团结异姓兄弟，四是使乡里子弟相联合而从师学习，五是团结朋友，六是使民衣服相同。

一、欲有真友，自必有德

子曰："德不孤，必有邻。"
——《论语·里仁》

在《论语·里仁》篇中，孔子说，有道德的人不会孤单，一定会有（志同道合的人来和他做）伙伴。人们为什么都愿意亲近德行好的人呢？因为道德是人心所固有的品行，也是人们情理中所爱好的。如果一个人没有道德，就会遭到人们的轻视和厌恶，必然会被孤立而没有人亲近。如果是有道德的人，哪有被孤立的道理呢！"声调相同，产生共鸣；气息相同，相互吸引。"看见他人的道德，会更加亲近；听到他人的德行，会身心服从。就如同邻里居住在一起，有时不用招呼自己主动就来，是一样的道理。可见，自身具有美好的德行是我们交友的重要前提与基础。

古希腊有个叫皮西厄斯的年轻人，触怒了暴君奥尼修斯。他被投入监狱，即将处死。皮西厄斯说："我只有一个请求，让我回家乡一趟，向我热爱的人们告别，然后我一定回来伏法。"暴君听完，笑了起来。

"我怎么能知道你会遵守诺言呢？"他说，"你只是想骗我，想逃命。"

这时，一个名叫达芒的年轻人来到国王面前："我是皮西厄斯的朋友，请把我关进监狱，代替皮西厄斯，让他回家乡向朋友们道别。我知道他一定会回来的，因为他是一个从不失信的人。假如他在规定之日没有回来，我情愿替他死。"

暴君很惊讶，竟然有人这样自告奋勇。最后他同意让皮西厄斯回家，并下令把达芒关进监牢。

光阴飞逝。处死皮西厄斯的日期越来越近了，他却还没有回来。暴君命令狱吏严密看守达芒，别让他逃跑。但是达芒并没有打算逃跑。他始终相信他的朋友是诚实而守信用的。他说："如果皮西厄斯没有准时回来，那也不是他的错。一定是因为他身不由己，受了阻碍不能回来。"

这一天终于到了，达芒做好了赴死的准备。他对朋友的信赖坚定不移，他说，代自己敬佩的人去死，他不悲伤。

狱吏前来带他去刑场。就在此时，皮西厄斯出现在门口，原来暴风雨和船只搁浅让他耽搁了时间。他很庆幸自己能及时赶到。

暴君被他俩相互信赖的友谊感动，释放了他们。

"我愿意用我的全部财产，换取这样一位朋友。"暴君说。

暴君哪里知道，正是皮西厄斯一贯美好的品德，才会有达芒这样以自己生命担保的挚友，这可是多少金银珠宝都换不来的。

在《孔子家语·六本》篇中，孔子说："吾死之后，则商也日益，赐也日损。"曾子说："何谓也？"孔子说："商也好与贤己者处，赐也好说不若己者。"孔子进一步说："与善人居，如入芝兰之室，久而不闻其香，即与之化矣；与不善人居，如入鲍鱼之肆，久而不闻其臭，亦与之化矣。丹之所藏者赤，漆之所藏者黑。是以君子必慎其所与处者焉。"意思是说，和好人在一起，就像进入香草熏的屋子，时间久了就闻不到它的香味，就被它同化了；跟坏人在一起，就像进入咸鱼铺，时间久了就闻不到臭味，也被它同化了。近朱者赤、近墨者黑。因此，君子一定谨慎地注意跟自己一起相处的人。

在这里，孔子讲述了这样一个道理：与品行好、道德高尚的人交朋友，可以帮助我们省察自身的缺点与问题，取得进步与提高，日子久了，也会变成品德高尚的人。相反，与品行差的人交往，则会越学越坏，最终陷于泥淖而无法自拔。

美好道德品质的树立，并非一蹴而就，需要依靠平时一点一滴的积累。因为朋友的交往是长时间甚至一生一世的过程，一切的伪装、隐藏及言语的自夸或许能欺骗一时，却难以长久地维持，个人的道德品质都在平时不经意的言行举止间体现出来，不良的品行也会在小事情中暴露无遗。

魏晋时有个叫管宁的读书人，与华歆在园中种菜，挖出一块金子，管宁像没看到一样，继续锄地，华歆却拾起来爱不释手。后来，两人在一起读书，门外驶过大官的马车，十分热闹，管宁如同没听到一样，仍专心致志地读书，华歆

却丢掉书出门观看。通过这两件事，管宁觉得华歆这个人贪慕钱财、热衷功名，不是自己志同道合的朋友，当下便与华歆绝交了，这就是历史上有名的"管宁割席"的故事。

得一知心好友，乃人生之幸事。明人徐霞客与友人黄道周交情深厚，听闻黄道周因遭诬陷入狱并遭受磨难，他"据床浩叹，不食而卒"。黄道周出狱后闻噩耗，撰写《遣奠霞客寓长君书》，并托人带给徐霞客之子徐屺。这份"死生不易、割肝相示"的友谊，令人为之动容。

俗话说："道不同，不相为谋。"一个人如果不注重自身品德的培养与积累，就会如同华歆一样，一旦被认识到不是同一类人，好朋友便会离去。

可见，要想交到好朋友，维持与品德高尚之人的友谊，提升自己，就必须从自身做起，从平时做起，注重自我修养与点滴积累，做一个言行一致、品德高尚的人。

思考题

1. 你认为什么样的朋友才算真正的朋友？换句话说，真正的朋友应当具备哪些品质？

2. 你认为你对他人来讲算不算合格的朋友，还有哪些方面需要努力？

3. 你认为要想与他人保持朋友关系，需要做到哪些事情？

二、君子之交淡若水

君子之交淡若水，小人之交甘若醴；君子淡以亲，小人甘以绝。

——《庄子·山木》

庄子这段话表达了君子与小人交友的不同态度和结果。其中，"君子之交淡若水"意味着君子之间的交往像水一样清淡，不含任何功利之心，他们的友谊基于相互尊重和理解，长久而亲切。而"小人之交甘若醴"则指小人的交情甜得像甜酒一样，表面上看起来亲密无间，实际上往往基于利益，一旦利益消失，这种关系很容易破裂。"君子之交淡若水"，是中国人长期以来推崇的理想交友境界，甚至奉为交友的准则，舍此莫取。

唐贞观年间，薛仁贵尚未得志之前，与妻子住在一个破窑洞中，衣食无着落，全靠王茂生夫妇接济。后来，薛仁贵参军，在跟随唐太宗李世民御驾东征时，因平辽功劳特别大，被封为"平辽王"。一登龙门，身价百倍，前来王府送礼祝贺的文武大臣络绎不绝，可都被薛仁贵婉言谢绝了。他唯一收下的是普通老百姓王茂生送来的"美酒两坛"。一打开酒坛，负责启封

的执事官吓得面如土色，因为坛中装的不是美酒而是清水！"启禀王爷，此人如此大胆戏弄王爷，请王爷重重地惩罚他！"岂料薛仁贵听了，不但没有生气，反而命令执事官取来大碗，当众饮下三大碗王茂生

送来的清水。在场的文武百官不解其意，薛仁贵喝完三大碗清水之后说："我过去落难时，全靠王兄夫妇经常资助，没有他们就没有我今天的荣华富贵。如今我美酒不沾、厚礼不收，却偏偏收下王兄送来的清水，因为我知道王兄贫寒，送清水也是王兄的一番美意，这就叫君子之交淡若水。"此后，薛仁贵与王茂生一家关系甚密，"君子之交淡若水"的佳话也就流传了下来。

当然，"淡若水"主要指的还是情谊，在形式上，并非让朋友减少交往甚至不相往来。在《论语·颜渊》篇中，曾子说，君子用礼乐文章来结交朋友，用朋友来帮助自己提高仁德。真正的朋友间的交往，看重的是共同的道德追求，有了朋友的帮助和支持，必然对自身的内在修养与道德品质的提升大有裨益。

真正的朋友之间是思想相通、志同道合的。他们有着一致的人生观、价值观，朋友在一起的目的就是相互帮助、共同提高。这种帮助既有物质上的扶助，更有精神上的交流、沟通、信赖、理解以及支持。"君子之交淡若水"指的就是这样的交往方式，与小人依附权贵、尽力逢迎相反，君子之交绝不会因一方地位的变化而变质。

王安石有个好朋友叫孙少述，两人素来交情很深。王安石曾以诗相赠："应须一曲千回首，西去论心更几人？"引为知己。但当王安石当了宰相后，孙少述一直不与他往来，大家议论纷纷，以为他们断交了。后来，王安石变法失败，丢掉了宰相职务，到地方做小官，这时孙少述又对他热情相迎。两人见面，互相宽慰致意，彼此畅谈经学，乐而忘返，直到暮色苍茫，方才依依惜别。事情传开，人们才知道孙少述对朋友高尚真挚的情谊。

与王安石与孙少述的友情形成鲜明对比的，是那些以酒肉、金钱、美色等为条件结交的朋友，这种所谓的朋友，交往的方式无非吃喝请送，表面上十分亲热，但无非因某种利益而结交，因此这种"朋友"关系异常脆弱，一旦对方没有利用价值，就会毫不犹豫地抛弃；如果对方触犯了自己的利益，更是撕破脸面、毫不客气地大加挞伐，丝毫不顾"朋友情分"。也许有人会说，这样的人中也有很讲义气，在朋友危难之时，甘愿"两肋插刀"的。讲义气固然不是坏事，但许多人用错了地方，用错了对象。有人锒铛入狱时还豪情满怀，认为自己替朋友出头，排忧解难，是"真正的"男子汉。但随着时间的流逝，自己前途渺茫、妻离子散、父母伤心病痛、当初所谓的朋友不知所踪，他就会开始反省：当初这样做对不对？值不值？方才醒悟过来：所谓的义气不过是一时冲动、以恶治恶、无视法律的愚蠢之举，冲动过后的代价是惨痛而无法挽回的。因此，结交朋友时一定要慎之又慎，抛弃酒肉朋友，摒弃所谓的哥儿们义气，方能持守正道。

在《周易·乾》篇中提到，声调相同，产生共鸣；气息相同，相互吸引；水往低湿处流，火往干燥处烧；云跟随龙，风跟随虎。圣人的作为，使万物自然而然地感应，真情得以显露。因而，以天为本，向上发展，以地为本，向下扎根，这就是万物各依其类别，相互聚合的自然法则。人与人之间，有因爱好相同而同聚的，有因志向相同而同道的，有因习惯相同而同悦的，有因爱心相同而同感的，有因道德相同而同谋的，有因思想相同而同心的。只要这样的爱好、习惯是积极健康的，道德、思想是向上进步的，就会使友谊长久而深厚，有内涵才会有生命力。君子要想获得进步，不仅要向他人学习，同时还要自己努力。就择友而言，人人都想和优秀的人成为朋友，然而，一味地想要亲近优秀的人，甚至借助他人抬高自己，却忽视了自身素质的提升，终究会被他人嫌弃。因此，选择朋友，不仅是一个发现他人优点的过程，更是发现自身不足、不断提升自我的过程。

春秋时代，有个叫俞伯牙的人，他精通音律，琴艺高超，是当时著名的琴师。一日，伯牙乘船游览。面对清风明月，他思绪万千，于是弹起琴来，琴声悠扬。忽然他感觉到有人在听他的琴声，只见一樵夫站在岸边，即请樵夫上船。伯牙弹起赞美高山的曲调，樵夫道："雄伟而庄重，好像高耸入云的泰山一样！"当他弹奏表现奔腾澎湃的波涛时，樵夫又说："宽广浩荡，好像看见滚滚的流水、无边的大海一般！"伯牙激动地说："你真是我的知音！"这樵夫就是钟子期。后来子期早亡，俞伯牙知悉后，在钟子期的坟前抚平生最后一支曲子，然后尽断琴弦，终不复鼓琴。

明朝冯梦龙在《警世通言》中专门题作《俞伯牙摔琴谢知音》，记述了这段佳话，并附诗赞云："势利交怀势利心，斯文谁复念知音？伯牙不作钟期逝，千古令人说破琴。"这表达了作者对有着深刻精神内涵、崇高境界的真正友谊的赞许，对社会上以金钱财势结交、沆瀣一气的不良风气的唾弃。冯梦龙总结道："恩德相结者，谓之知己；腹心相照者，谓之知心；声气相求者，谓之知音。"愿我们都能够以此为标杆，多多结交良师益友，切切摒绝狐朋狗友，提升自我，收获幸福。

思考题

1. 你如何看待"贵易交，富易妻"这样的观念？你认为这样的观念是否正确，请说明理由。

2. 与他人成为朋友的基础和前提是什么？请举例说明。

3. 你如何看待"君子之交淡若水"这句话？在当今社会，这句话有何现实意义？

三、仁义为先，以诚相待

子夏曰："君子敬而无失，与人恭而有礼，四海之内，皆为兄弟也。"

——《论语·颜渊》

《论语》中记载有孔子待友的言行。"朋友死，无所归，曰：'于我殡。'""朋友之馈，虽车马，非祭肉，不拜。"意思是说有朋友将死，无处可归，孔子慨然道："病了在我这儿寄居，死了在我这儿停枢吧！"对朋友可谓尽心竭力，仁至义尽；朋友间有通财之义，故虽赠车马之重也可不拜，然而对于馈赠的祭肉则必拜，这是孔子尊重朋友的表示，以示同于己亲的表现。可见，选择朋友，首要的标准应为仁义。一方面，人品要过关，为人善良、正派，这样的朋友会引导你走正道，在危难时才靠得住。另一方面，朋友交往时，相互之间应做到重情重义，不能为了功名利禄等而轻易抛弃朋友或陷朋友于不义。

唐朝时，有个书生叫白敏中，他和贺拔惎是好朋友。两人同到长安参加科举考试。主考官王起知道白敏中出身贵族，文才又好，私下想取他为状元，但又嫌他与家境贫寒的贺拔惎来往，于是，叫人悄悄地对白敏中说："只要你不再同贺拔惎来往，王主考就取你当状元。"白敏中皱起眉，没有答话。恰好，这时贺拔惎来找白敏中。看门的人骗他说："白先生不在家，到朋友家去了，晚上也不回来。"贺拔恭只好转身离开。白敏中听说了这件事，急得从屋里跑出来，连声喊道："快把他请回来，快点！"贺拔恭回来后，白敏中把详情如实地告诉了他，并说："状元有什么稀奇的，怎么也不能不要朋友呀！"说完，命人摆上酒菜，两个人开怀畅饮。

王起派来的人把这些看在眼里，大为生气，回去一五一十地向王起禀告，最后说："他舍不得那个贺拔恭，咱们偏不让他当状元！"白敏中宁肯不当状元也要朋友的做法，深深感动了王起。他说："我原来只想取白敏中当状元，现在我却同时也要取贺拔恭了。"

结果，白敏中和贺拔恭这对好朋友都高中了。白敏中在唐宪宗时还当了宰相。

与人交往，最重要的是信实二字，朋友之间更是如此。曾子把"与朋友交而不信乎"作为君子"日三省乎己"的一个重要内容。子夏说："与朋友交，言而有信。"社会交往中，虽有法律契约与道德礼俗的指导约束，但人与人之间若互不信任，则一切事情都无法推进。孔子曾述说自己的志向："愿老者安之，朋友信之，少者怀之。"他渴望人与人之间建立美好、和谐、诚信的人际关系，并希望自己能够得到朋友的信任。当然，这是以守信、信任朋友为前提的。

东汉时期，有一对好朋友，一个叫阎敞，一个叫第五常。两人来往密切，交情深厚。特别是阎敞，为人正直，诚信无私，深得第五常敬佩。就在第五常即将到京城任职、限日到京的匆忙间，他将130万贯钱寄存在阎敞家中，约定等安顿好了再来取。第五常到京后不久，京城突然暴发了瘟疫，第五常全家都不幸染上了病症，先后死去，最后只留下他的一个小孙子。第五常在临终时拉住小孙子的手，断断续续地说："我有……30万贯钱……寄存在……家乡你……阎敞爷爷家中，你……如果能够……活下来，可以取来……维持生计……"说完就咽气了。第五常死后，小孙子牢牢记住了爷爷的交代，但因为年幼，且路途遥远，根本无法取回这笔钱，只能靠他家在京城的亲戚朋友接济度日。

十几年后，小孙子长大成人，辗转回到家乡，找到阎敞爷爷。由于当初爷爷并未写下任何字据，能否拿到钱，孙子心里一点底也没有。谁知当确认了他的身份后，没等他提钱的事，阎敞主动说："你爷爷当年在我这里存了130万贯钱，你现在拿回去用吧。"第五常的孙子愣住了，说："爷爷说在您这里存了30万，不是130万啊！"阎敞忙说："没有错！孩子，我琢磨肯定是你爷爷在重病之中，头脑不清醒了，把数说错了。"说着，忙到储藏室中把当年封存好的130万贯钱搬了出来，亲手交给了第五常的孙子。

与故事中的阎敞相比，我们也看到了很多相反的例证。在我们的身边，有多年相处融洽的亲戚、朋友之间借贷钱财、合伙做生意，因一方不守信用而产生纠纷，甚至反目成仇。阎敞不负朋友的托付与信任，不昧朋友钱财，值得许多人学习。

"信"虽为美德，但在践守时也要注意具体情况具体分析。不合义则不从，不可守小信而毁大义。因此，孔子认为"君子贞而不谅"，意思是说，君子只固守正道，不拘执小信。这就告诉我们，仁义是信任的内核与前提，脱离了仁义，任何的盲信都是教条与无益的。

朋友之间相处还应相互尊重。子夏说得好："君子敬而无失，与人恭而有礼，四海之内皆兄弟也。"恭敬，绝非表面的虚礼，而是发自内心真诚的仁爱的自然流露。孔子交友很注意自己的言行举止，务求合乎礼仪，这是态度恭敬的表现，以此来表达对朋友的感情与尊重。但"敬"绝非一味附和、谄媚，而是指与朋友相处时时刻心存恭敬，同时对待朋友也要有分寸。《论语·里仁》篇中说："朋友数，斯疏矣。"意思是对待朋友太逼促、太琐屑，朋友就要与你疏远了。因此，再亲密无间的朋友也应尊重对方的个性，给予彼此一定的自由度，孔子很赞赏晏婴的交友之道，在《论语·公冶长》篇中，子曰："晏平仲善与人交，久而人敬之。"意思是说，晏平仲善于和别人交朋友，相交越久，别人越发恭敬他。与人久交而敬意不衰，看似简单，但若无十分的诚意与涵养是不易做到的。君不见，世上结交朋友的人多，善于结交的人少，为什么呢？因为人在结交朋友的时候，开始都能做到彬彬有礼，可时间久了，就会由于过分亲近而产生怠慢轻视的习气，继而必然产生嫌隙隔阂，因此交情就不能保全了。君子在与人交往时，对朋友的恭敬始终如一，久而越发恭敬。

其实，交友之道并没有特殊的方法，只在于至信至诚，除去自以为是、相互利用的想法罢了。如果自己有长处，不可以用自己的长处与他人交友；如果自己有地位，不可以用自己的地位与他人交友；如果自己的兄弟富贵，也不可以倚仗兄弟的富贵与他人交友。那么，为什么不可以凭借这些呢？作为朋友，并不是因为年龄、权力、金钱对等而和他交友，一定是因为他的道德值得尊重，能够帮助自己的道德增进；因为他的言行对自己有益，所以结成志同道合的朋友。既然交的是他人的道德，就应当屈己下人，去亲近有道德的人，谦卑接纳他人的善行，怎么可以有优越感呢？如果能做到没有控制和利用他人的心，去选择交友于天下，良师益友就会不断出现，个人的道德也会每日增进。

思考题

1. 你身边是否有亲朋好友反目成仇的现实例子？你如何看待这样的例子？

2. 交友要"信实"，你认为怎样才算做到"信"与"实"？

3. 你的朋友是否曾因你的过失而疏远你？你认为出现这种情况的原因是什么？请举例说明。

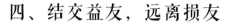

四、结交益友，远离损友

子曰："益者三友，损者三友。友直，友谅，友多闻，益矣。友便辟，友善柔，友便佞，损矣。"

——《论语·季氏》

在《论语·季氏》篇中，孔子说，有益的朋友有三种，有害的朋友有三种。同正直的人交友，同信实的人交友，同见闻广博的人交友，便有益。同谄媚奉承的人交友，同当面恭维背后毁谤的人交友，同夸夸其谈的人交友，便有害。

一个人想要提升道德层次，须依靠良师益友，而交友贵在选择。有益的朋友有三种，有害的朋友也有三种。三种有益的朋友分别是：第一种是心直口快、不袒护包庇的人。这种朋友为人真诚、坦荡，刚正不阿，对人毫不谄媚。这样的正气也会影响到自己的为人处世。在这样的朋友面前，你懂得收敛自己的行为举止，不敢干坏事。而遇到困难时，这样的朋友也会坚定地站在你身边，尽自己所能地给予你鼓励与力量。

第二种是诚实不欺、表里如一的人。《说文解字》中讲："谅，信也。"信，就是诚实的意思。这种朋友为人诚恳，不虚伪，不说违心的话，不讲假话欺骗人，是值得信赖的朋友。与这种朋友相处，你的内心会很踏实，而你也会乐于做一个让人信赖的人。

第三种是博古通今、博闻广记的人。结交见识多的朋友对你的帮助特别大，可以帮助你了解许多社会知识，接触不同领域的新鲜事物，进而提高自己的思想意识与认识水平，对个人素质的完善与生活质量的提高大有裨益。

作为"苏门四学士"之一的黄庭坚，与老师苏轼结下了深厚的师生情谊，一生悲喜相通，荣辱与共。两人本是以诗文神交，黄庭坚寄诗表达对苏轼的仰慕，此时的苏轼名满四海，但因赏识黄庭坚，作文《答黄鲁直》，不吝称其"如精金美玉"，从此两人惺惺相惜。

一年后，苏轼因"乌台诗案"入狱，黄庭坚虽与苏轼未曾谋面，但因与其酬唱来往，被处以罚俸，而黄庭坚无怨无悔。直至七年后，黄庭坚与苏轼才初次相逢，开始了过从甚密的岁月。苏轼举荐过黄庭坚，黄庭坚又因苏轼贬谪而命运坎坷，但人生得此良师益友足矣，黄庭坚晚年悬老师画像于室中，"衣冠荐香，肃揖甚敬"，执弟子之礼甚恭。

苏轼去世四年后，黄庭坚也追随泉下。多年过去，后人编定其诗文集，将他写给苏轼的第一首诗放在了最前面，这诗不一定是写得最好的，却因背后的故事已化作一段让人回味的纪念。

可见，与正直的人交友，可以纠正自己的过失，使自己的道德日臻完善；与诚信的人交友，可以消除自己的邪念，使自己的精神日渐笃实；与多闻的人交友，可以增长自己的见识，使自己大开眼界。

有害的朋友也有三种：第一种是阿谀奉承、溜须拍马的人。这样的人为了让你高兴，只会顺着你的意思说，明知道你做错了也不纠正，还一味地给你戴高帽，让你自我感觉良好，逐渐地自我就会恶性膨胀，盲目自大的结果必然是骄傲自满、不思进取，所以说，这样的朋友是坏朋友，必须提防与远离。

第二种是虚假伪善、两面三刀的人。这种人的隐蔽性比较强，通常会以知心人的面貌出现。表面上，他们会诚心诚意地关心问候你，耐心体贴地听你倾诉内心秘密，并温言软语地安慰你。背地里，他们却会拿着你的隐私四处宣扬散布，甚至添油加醋地歪曲事实，从而败坏你的名誉与人格。这样的人多是嫉妒心在作祟，属于心理阴暗的小人，不是真朋友，也应当远离。

第三种是巧舌如簧、腹中空空的人。这种人口才很好，伶牙俐齿，但喜欢夸夸其谈，总是言过其实。孔子曰："其言之不怍，则为之也难。"意思是说，那人说了大话却不惭愧，要他做到的话就很困难了。跟这样的人做朋友，你也会不自觉地沾染上爱夸海口的毛病，久而久之，就会失去别人的信任，导致一事无成，因此，结交这种朋友也是极其有害的。

综上，如果与谄媚奉承的人交友，就没有纠正过失的裨益，日久将流于轻浮；与阳奉阴违的人交友，就没有增长善行的利益，日久将流于庸俗；与夸夸其谈的人交友，就失去增长见闻的裨益，日久将沦于寡闻。

所以，与正直的人在一起，听到的是正确的言论，看到的是正确的行为，这就是益友；与不正直的人在一起，以吃喝玩乐为快乐，以阿谀奉承为喜悦，这就是损友。重视道德的人能辨别不清楚吗？

朋友在每个人的成长过程中扮演着十分重要的角色。人生在世岂能没有三五好友？如何择友，看似简单，却最体现人生智慧。真正的朋友在于心神交往、惺惺相惜，不看钱、不重权、不谋利，以道义维系、以真情感召。"一生之成败，皆关乎朋友之贤否，不可不慎也。"曾国藩曾言，朋友贤明与否，往往关乎一个人的人生走向。

在《孟子·离娄下》篇中记载了这样一个故事：

古时候，逢蒙跟羿学射箭，完全获得了羿的技巧，他便想，天下的人只有羿比自己强，因此便把羿杀死了。孟子说："这里也有羿的罪过。"公明仪说："好像没有什么罪过吧。"

孟子说："罪过不大罢了，怎能说一点也没有呢？郑国曾经使子濯孺子侵犯卫国，卫国便使庾公之斯去追击他。子濯孺子说：'今天我的病发作了，拿不了弓，我活不成了。'问驾车的人道：'追我的人是谁？'驾车的人答道：'庚公之斯。'他便说：'我死不了啦。'驾车的人说：'庚公之斯是卫国有名的射手，您反而说死不了，这是什么道理呢？'答道：'庚公之斯跟尹公之他学射，尹公之他又跟我学射。尹公之他是个正派人，他所选择的朋友、学生一定也正派。'庚公之斯追上子濯孺子，问道：'老师为什么不拿弓？'子濯孺子说：'今天我的病发作了，拿不了弓。'庚公之斯便说：'我跟尹公之他学射，尹公之他又跟您学射。我不忍心拿您的技巧反过头来伤害您。但是，今天的事情是国家的公事，我又不敢完全废弃。'于是抽出箭，向车轮敲了几下，把箭头搞掉，发射四箭然后就回去了。"

羿教授射箭，由于对人的选择不当，最终招来杀身之祸，子濯孺子因取友而免祸，可见良师益友的选择何等重要。在日常交友的过程中，人们经常会讨论"有才无德"的人是否可交。与这类人交往，或许可以获得一时的利益与荣耀，但是由于他们在道德方面存在缺陷，并不可信，很可能在关键时刻将你置于危险与失败的境地，这时的损失要比所得大很多倍，若如故事中的羿一样，被取性命，后悔已晚矣。因此，我们绝不能贪图眼前利益，务以考察朋友的德行为先，结交益友，远离损友。

思考题

1. 你认为"益友"和"损友"的主要区别是什么？会给你的生活带来哪些影响？

2. 你如何看待文中"子濯孺子"与"庚公之斯"的例子，对你有什么样的启示？

3. 生活中，你的朋友会向你提出意见建议吗？你又是如何看待这些意见建议的？请举例说明。

五、相互理解，相互尊重

子曰："忠告而善道之，否则止，毋自辱焉。"

——《论语·颜渊》

在《论语·颜渊》篇中，子贡问对待朋友的方法。孔子回答，忠心地劝告他，好好地引导他，他不听从，也就罢了，不要自找侮辱。朋友是帮助自己提升仁德的，如果看到对方有过失而不尽心去告诫他，那么就不是真正为朋友着想；但是劝告他人也要有度，不讲究方法的劝告会适得其反，这些都不是交友之道。所以，当朋友有了过失，应该规劝他改正，除了诚恳，还要做到心平气和、委婉开导，不能以"直率"为借口粗鲁地冒犯对方。若能这样做，就做到了对朋友真心相待。假如对方掩饰自身的过失，固执己见，终不肯听从，那劝谏几次后便应停止，不要无止境地劝说，不然会让对方厌恶，使双方关系疏远。因此，朋友是以道义相合的关系，与道义相合就规劝，不相合便停止，是理所应当的。交友的人若都可这样做，交情岂有不保全的？

"听其言，观其行"是孔子了解人的方法，同时也是他择友的方法。孔子的弟子宰予善于言辞，孔子听信他的话，以为他很有志气、很勤奋，但是后来孔子发现他白天睡大觉，很生气，并认为过去"听其言而信其行"不对，于是把它改为"听其言，观其行"。通过全面观察言与行，孔子了解到了更深层次的东西：动机、思想、品质。在《论语·为政》篇中，孔子曰："视其所以，观其所由，察其所安，人焉廋哉？人焉廋哉？"意思是说，观察一个人，要看他做事的动机和居心，察看他做事的路径和方法，观察他做事的情趣和意态。那么，这个人还能隐瞒到哪里去呢？我们也就真正认识了这个人。因此，对人的评价要以观察为准，切不可人云亦云。孔子曰："众恶之，必察焉；众好之，必察焉。"正是这个意思。在选择朋友时，应从细微之处观察他，不仅要看他怎样对待你，更要看他如何对待他人，尤其是如何对待弱势的人。若他不是趋炎附势的小人，就会体恤弱者，尊重他人，这样的人便是值得交往与信赖的。反之，如果他厌恶贫者，不扶助弱者，那与这样的人交友需当心了，因为当你处于弱势时，这样的人肯定会毫不犹豫地离开，对他不能有丝毫指望。这样的人还是越早远离越好。

在《孔子家语·六本》篇中，孔子曰："良药苦于口而利于病，忠言逆于耳而利于行。汤武以谔谔而昌，桀纣以唯唯而亡。君无争臣，父无争子，兄无争弟，士无争友，无其过者，未之有也。故曰君失之，臣得之；父失之，子得之；兄失之，弟得之；己失之，友得之。是以国无危亡之兆，家无悖乱之恶，父子兄弟无失，而交友无绝也。"意思是说，良药吃起来口苦但对疾病有好处，忠诚的话听起来不舒服但对行为有好处。商汤和周武王因为能听直言进谏而国家昌隆，夏桀和商纣因为听恭敬的应答声而国破身亡。君主没有直言劝他改过的臣子，父亲没有直言劝他改过的儿子，兄长没有直言劝他改过的弟弟，士人没有直言劝他改过的朋友，他们想不犯错误是不可能的。所以，国君有不对的地方，臣子就会纠正；父亲有不对的地方，儿子就会矫正；兄长有不对的地方，弟弟就会指正；自己有不对的地方，朋友就会补正。因此国家没有危险灭亡的预兆，家庭没有犯上作乱的不良行为，父子兄弟之间的关系没有过失，朋友就不会断绝跟你的来往。

在《孟子·万章下》篇中，万章问曰："敢问友。"孟子曰："不挟长，不挟贵，不挟兄弟而友。友也者，友其德也，不可以有挟也……用下敬上，谓之贵贵；用上敬下，谓之尊贤。贵贵尊贤，其义一也。"意思是说，万章询问交朋友的原则，孟子答道，不倚仗自己年纪大，不倚仗自己地位高，不倚仗自己兄弟的富贵。交朋友，因为朋友的品德而去结交他，因此心中不能存在任何有所倚仗的观念……以职位卑下的人尊敬高贵的人，叫作尊重贵人，以高贵的人尊敬职位卑下的人，叫作尊敬贤者。尊重贵人和尊敬贤者，道理是相同的。

朋友是每个人生命中不可或缺的。在我们的人生中，益友如羽翼，损友如泥沼。得益友能够正品行、避灾祸，提升人生境界，助力我们的事业乘风而行；而交损友则会损德行、招事端、误前程，甚至使自己身陷囹圄。

然而，如何交友是重要的人生智慧和人生抉择，并非我们等在家里，益友就会自动上门。我们要不断地提高自身修养，秉持"仁义为先，以诚相待""相互理解，相互尊重""重义轻利"的交友原则，只有这样才能交到真正的朋友。

思考题

1. 与朋友相处，怎样才能做到相互理解、相互尊重？

2. 请举出一个历史上因为不听他人意见而招致祸患的例子，并讲一讲你如何看待这样的例子。

3. 请结合自身经历，谈一谈你对"众恶之，必察焉；众好之，必察焉"这句话的看法。

推荐书目

1. 《人际关系心理学》，郑全全、俞国良，人民教育出版社 2011 年版。

2. 《下雨啦，浇个朋友》，王瀚哲，四川文艺出版社 2024 年版。

推荐电影

1. 《伴我同行》（1986 年），罗伯·莱纳执导。

2. 《飞屋环游记》（2009 年），鲍勃·彼德森执导。

第六篇

诚 信

　　诚信是一个人立足社会、成就事业的根本，也是人际交往中的一个重要原则，其基本要求就是诚实守信，要做到言必信，行必果。孔子说过"人而无信，不知其可也"。[1]荀子也说："言无常信，行无常贞，唯利所在，无所不倾，若是，则可谓小人矣。"[2]可见，儒家文化把诚信放在一个极其重要的地位。历史上，中华民族素以礼仪之邦著称。"曾子杀猪"以取信于子，"季札挂剑"以践诺言……许多重诚重信的故事诠释着中华民族讲求诚信的优良传统。对现代人来说，加强诚信教育，培养诚信意识，不仅是对民族优良传统的传承和弘扬，更是我们抵御金钱和利益的诱惑、完善自我品德的修身立世之本。

【阅读提示】

1. 了解诚信对于个人、对于社会的重要意义。
2. 学会在日常生活中如何践行诚信。

---

[1]《论语·为政》。
[2]《荀子·不苟》。

一、诚信，为人之本

> 诚者，天之道也。诚之者，人之道也。
>
> ——《礼记·中庸》

诚实守信，自古以来就是中华民族乃至全人类公认的一种美德。我国传统儒家伦理中，将诚信作为人的一种基本品质，认为诚实是取信于人的良策，是处己立身、成就事业的基石。墨子曰："言不信者，行不果。"孟子曰："诚者，天之道也；思诚者，人之道也。"孔子曰："民无信不立。"老子把诚信作为人生行为的重要准则："轻诺必寡信，多易必多难。"庄子也极重诚信："真者，精诚之至也。不精不诚，不能动人。"

"诚信是一个人的立身之本。"人生在世，不可避免地要与各种各样的人交往。一个人，只有诚信地对待自己、对待工作、对待他人，才可能得到社会公众的普遍认可和接受，才能提升自我，以达到更高的人生境界。我国是一个具有五千多年历史的文明古国，"诚实、守信"，"言必信、行必果"，一向是中国人引以为豪的品格。我们都知道"狼来了"的故事，从小父母就用这个故事来告诫我们，不能像放羊的孩子那样三番五次地用谎言来欺骗大家，做人要诚实。

曾子，名参，字子舆，春秋末期鲁国人，是孔子的得意门生，以博学多才、诚实守信著称。

有一次，曾子的妻子不愿带儿子去集市，便对他说："你在家好好玩，等妈妈回来，将家里的猪杀了煮肉给你吃。"儿子听了非常高兴，不再吵着要去集市。这话本是哄儿子说着玩的，过后，曾子的妻子便忘了。不料，曾子却真的把家里的一头猪杀了。妻子从集市上回来后，气

愤地对丈夫说："我是哄儿子说着玩的，你怎么就真把猪杀了呢？"这时，曾子语重心长地对妻子说："你要知道，孩子是哄骗不得的。儿子年幼，什么都不懂，只会学父母的样子，相信父母的话。做父母的一定要言而有信，说话算数。怎么能哄骗他呢？如果父母不诚实，孩子就会撒谎；如果父母不守信用，孩子便会经常骗人。难道你愿意让我们的儿子养成说话不诚实、经常骗人的毛病吗？"这就是家喻户晓的"曾子杀猪示信"的故事。

在这个故事中，曾子杀掉了家养的猪以兑现对孩子许下的承诺，也借此机会让妻子理解了诚信对教育孩子的重要性。

美国作家德莱塞说："诚实是人生的命脉，是一切价值的根基。"不诚信也许可以欺骗一时，但长期下去，丑陋面目一定会暴露出来，从而失去人们的信任，实在是得不偿失。

古人重承诺，"一诺千金"的故事始终被人们传颂。

季布，秦朝末期楚地人，一向说话算数，信誉非常高，许多人都同他建立了深厚的友情。当时甚至流传着这样的谚语"得黄金百斤，不如得季布一诺"（这就是成语"一诺千金"的由来）。在项羽与刘邦楚汉之争时，项羽派他率领军

队攻打刘邦，他曾屡次使汉王刘邦陷于困窘之中。等项羽灭亡以后，汉

高祖出千金悬赏捉拿季布，并下令胆敢窝藏季布的论罪要灭三族。结果季布的旧日朋友不仅不为重金所惑，而且冒着灭三族的危险来保护他，最终使他免遭祸殃。

以上故事对我们每个人都具有积极的借鉴意义。诚信是为人之本，是事业成功的基石。无诚则有失，无信则招祸。人与人交往，最重要的一点就是讲信用、守诺言。守诺重信者，通行无阻；言而无信者，寸步难行。

思考题

1. 请说出一个历史上重诚信的例子，并结合例子谈一谈自己的看法。

2. 为什么说诚信是立身之本？

3. 在当今社会中，每个人都有不同的身份，请结合具体的身份谈一谈如何践行诚信。

二、诚信，治国之计

自古皆有死，民无信不立。

——《论语·颜渊》

《论语·颜渊》篇中，子贡向孔子求教为政的道理。孔子提出三个观念，第一是"足食"，就是要有充足的物质条件，大家有饭吃，生活好；第二是"足兵"，就是要有一定的国防条件，能够保卫疆土，抵御外来的侵略；第三是"民信"，就是要使人民对国家和政府信赖。子贡接着问，假使这三样不能完全做到的话，应该先去掉哪一个呢？孔子回答说，去兵吧，可以减少不必要的国防开支，缩减预算。子贡进而问道，去兵以后，如果国家还是比较困难，难以维持，在足食和立信这两者之中，又应去掉哪一项呢？孔子回答道，去食，自古皆有死，民无信不立。用现代的话来说就是，"自古以来谁也免不了一死，但一个国家不能得到老百姓的信任就要垮掉"。

在这里，孔子认为在条件苛刻、必有取舍的情况下，唯有"信"必须坚守。可见，在儒家思想观念中，使人民信任国家和政府并产生依赖，对于治国来说多么重要。

诚信为政，可以取信于民，从而政通人和，社会稳定。我国自古就有"民惟邦本，本固邦宁"[1]"得民心者得天下，失民心者失天下"的明训，唐代魏征把诚信说成是"国之大纲"，这些话至今仍然是治国理政的至理名言。

春秋战国时，秦国的商鞅在秦孝公的支持下主持变法。当时战争频发、人心惶惶。为了树立威信，推进改革，商鞅下令在都城南门外立一根三

———————

〔1〕《尚书·五子之歌》。

丈的木头，并当众许下诺言：谁能把这根木头搬到北门，赏金十两。围观的人不相信如此轻而易举的事能得到如此高的赏赐，结果没人肯出手一试。于是，商鞅将赏金提高到五十金。重赏之下必有勇夫，终于有人站出来将木头扛到了北门。商鞅立即赏了他五十金。商鞅这一举动在百姓心中树立起了威信，商鞅接下来的变法也很快在秦国推广开来。新法使秦国渐渐强盛，最终秦国统一了中国。

而在商鞅"立木为信"的地方，却还发生过一场"烽火戏诸侯"的闹剧。

周幽王有个宠妃叫褒姒，为博她一笑，周幽王下令在都城附近20多座烽火台上点起烽火。烽火是边关报警的信号，只有在外敌入侵需召诸侯来救援的时候才能点燃。诸侯们看见烽火，立刻率领兵将们匆匆赶到，当明白这是君王为博妻一笑的花招后，纷纷愤然离去。褒姒看到威仪赫赫的诸侯们手足无措的样子，终于开心一笑。五年后，酉夷太戎大举攻周，周幽王烽火再燃，而诸侯们谁也不愿再上第二次当了。结果周幽王被逼自杀，而褒姒也被俘虏。

一个"立木取信"，一诺千金；一个帝王无信，戏玩"狼来了"的游戏。结果前者变法成功，国强势壮；而后者自取其辱，身死国亡。可见，"诚信"对一个国家的兴衰存亡起着非常重要的作用。

《孔子家语·辨政》中记载了这样一个故事：

子路在蒲地当官治民三年。孔子路过那里，进入境内，说："好啊！仲由，做到恭敬而又诚信了。"进到城里，说："子路真不错啊！尽忠守信而且宽宏大度。"到了庭院，说："好啊！仲由做到明察果断了。"子贡拉着马缰绳问道："您没有看见子路处理政事却三次表扬他的政绩，他的优点您可以说给我听听吗？"孔子说："我已经了解他为政的情况了。进入边境，看到耕地管理得好，荒地都开垦了，沟挖得深。这说明他恭敬诚信，所以百姓尽力干。进入城里，看到墙壁房舍完整牢固，树木茂盛。这说明他忠诚宽厚，所以百姓不苟且。到了庭院，看到环境清洁雅静，下臣听命。这说明他明察果断，所以政事不乱。通过这些来看，即使三次称赞他好，也不能赞美得全呢。"

在上位的人，如果做到了恭敬以信、忠信以宽、明察以断，那么人民就会竭尽全力地工作，心怀感恩地生活，奉公守法地做事。在上位的人以自己的德行将人民引领在道义的路上，如此一来，人心的淳朴、社会的和谐将会不求自得。

思考题

1. 为什么商鞅要以"立木取信"作为秦国变法的铺垫？

2. 国家的诚信具体体现在哪些方面？

3. 诚信在塑造积极的社会风气方面发挥着哪些作用？

三、诚信，立业之基

诚信者，天下之结也。
——《管子·枢言》

《孟子·离娄上》篇中，孟子曰："至诚而不动者，未之有也；不诚，未有能动者也。"意思是说，以至诚的心对待他人，却无法打动那人的心，是不可能的；反过来讲，对待他人不以至诚之心，则没有人是能被打动的。

做人应诚信，立业同样如此。孔子曰："不义而富且贵，于我如浮云。"（《论语·述而》）管子曰："非诚贾不得食于贾。"（《管子·乘马》）意思是说不讲诚信的商人不能从事商业，以商谋生。荀子看到了诚信可促使商业兴旺、国家繁荣的作用，他说："商贾敦悫无诈，则商旅安，货通财，而国求给矣。"（《荀子·王霸》）在当今经济社会，随着人与人之间经济往来越来越频繁，人们纷纷呼唤诚信、渴望诚信。讲信誉、守信用是我们对自身的一种约束和要求，也是他人对我们的一种希望和要求。如果一个人在立业的过程中不能诚实守信，那么他就得不到人们的信任，无法与社会进行正常的经济交往，或是对社会缺乏号召力和响应力，又怎么可能获得事业的成功呢？

古时候，有一个卖酒的老翁，在一条小街上卖了数十年的酒，由于货真价实、童叟无欺，人们都喜欢到他的酒店打酒，生意非常红火。后来这个老头的儿子娶了媳妇，儿媳便常到店中帮公公做买卖。一天，老翁出门办事，让儿媳照管店铺。还没到中午，一坛酒就快卖完了，儿媳一想，何不在酒中掺一些水，不就可以多卖点钱了吗？于是，她趁人不注意往坛子里加了一些水，一坛加水的酒仍然不到晚上就卖完了，并且还多卖了一些钱。儿媳非常高兴，自觉很有本事。老翁回来后得知此事，气得直拍胸脯，口中说："完了，完了，彻底完了！"儿媳不解，老翁告诉她，一个生意人最重要的是讲究诚信，我几十年没要过一分黑心钱，如今全败在你手里了。果不其然，当人们知道了儿媳掺水卖酒之事后，买酒的人便越来越少了。

诚信需要坚持，来不得半点投机取巧。卖酒的老翁做了几十年的生意，一直以诚信为原则赢得了人们的信任，却因儿媳一时贪图小利弄得事业败落，怎能不让人遗憾。

与卖酒老翁的故事相反，"韩康卖药不讲二价"的故事也为众人所熟知。

韩康，东汉京兆霸陵（今陕西西安）人，是一位名医。韩康好名利，但医术高明且诚实不欺。他经常上山采药，并在大街旁摆了个摊子，出售各种药品，每种药品都标明了价格，而且还在自己的药摊子旁挂了块布，写着"不二价"三个大字。一天，一个牙痛不止的老婆婆前来买药。韩康虽然已经写明了"牙痛药一钱两包"，然而，爱精打细算的老婆婆还是忍不住讨价还价："一钱卖给我三包好吧？"只见韩康摆了摆手，严肃地说："做生意，靠的是信用。所以，我从不虚报价格占人家的便宜。我

的药，全是货真价实的灵药，绝对童叟无欺！"老婆婆见韩康口气这么坚决，知道再讲也没用，就买了一钱的牙痛药走了。

日复一日，韩康这个药摊"不二价"的消息就渐渐传开了。城里的居民经过仔细打听，才知道这个摆药摊的人原来就是赫赫有名的韩康！于是，大家一有什么病就都到他这里来买药，而且再也没有人尝试与他讲价了。

有人认为，市场经济条件下，商品价格便宜对消费者吸引力最大，殊不知，商品的质量才是消费者最看视的。不然，为什么商家都会以"货真价实、童叟无欺"来自我标榜呢？或许有人会说，要诚信还会有效益吗？即使有，又要经过多长时间的慢慢积累呢？没错，讲究诚信与那些急功近利、贪图暴利而采用各种手段囤积居奇的人相比，财富积累难免要慢一些，但这种财富的保持却可长久。在社会上，有些人靠钻政策空子或者制假贩假、不诚不信获得暂时的财富，最终却落得一个财散人亡的结果。不义之财、取财无道终将会落得应有的下场，只是时间的早晚而已。

许多人苦于无立业出路，一旦立业却又不知道该如何去做。古语有云"索物于夜室者，莫良于火；索道于当世者，莫良于诚。"其实，方法就在眼前，根本不必苦苦寻觅，那就是坚持一个原则：诚实信用。许多人看到了诚信积累财富的缓慢，却忽视了坚持诚信同样可以给自己的事业带来机遇。

一天，一个顾客走进一家汽车维修店，自称是某运输公司的汽车司机。"在我的账单上多写点零件，我回公司报销后，有你一份好处。"他对店主说。但店主拒绝了这样的要求。顾客纠缠说："我的生意不算小，会常来的，你肯定能赚很多钱！"店主告诉他，这种事无论如何他也不会做。顾客气急败坏地嚷道："谁都会这么干的，我看你是太傻了！"店主也生气了，他让那个顾客马上离开，到别处谈这种生意去。这时，顾客露出微笑，并满怀敬佩地握住店主的手："我就是那家运输公司的老板。我一直在寻找一个固定的、信得过的维修店，我今后常来！"

"唯诚可以破天下之伪，唯实可以破天下之虚。"有时候，很多人都会讲求诚信，但是当涉及切身利益时，他们则常常会把自己拥有的诚信抛到九霄云外，用虚伪来包装自己。特别是在经济社会中，对经营者来说，做生意就要讲求诚信，不能为了贪图小利而欺骗他人。清朝时的"红顶商人"胡雪岩用一生经商的经验总结出了四句话："为人不可贪，为商不可奸，经商重信义，无德不成商。"这四句话值得每个商场中人借鉴和思考。切记：诚信才是商场之中的根本，才是生存和发展的前提与基础。

思考题

1. 为什么说诚信是商业的根本？

2. 诚信原则在我国法律中有哪些具体体现？

3. 请说出一个你了解的因为不诚信经营而失败的例子，并谈一谈你的看法。

四、诚信，以诚为先

　　唯天下至诚，为能经纶天下之大经，立天下之大本，知天地之化育。[1]

——《礼记·中庸》

　　诚信，诚先而信后，诚是信的基础和前提。一个人只有先做到诚实不自欺，才能得到别人的信任。如果连最基本的诚实都没有，又怎么可能获得别人的信任呢?《大学》一书讲道"所谓成其意者，毋自欺也"，意思是说，每个人首先应当遵守不自欺的生活原则，为人处世要坚持好的习惯和行为。

　　北宋词人晏殊，素以诚实著称。在他 14 岁时，有人把他作为神童举荐给皇帝。皇帝召见了他，并要他与一千多名进士同时参加考试。结果晏殊发现考题是自己十天前练习过的，就如实向宋真宗报告并请求改换其他题目。

　　宋真宗非常赞赏晏殊的诚实品质，便赐给他"同进士出身"。晏殊当职时，正值天下太平，京城的大小官员经常到郊外游玩或在城内的酒楼茶馆举行各种宴会。晏殊家贫，无钱出去吃喝玩乐，只好在家里和兄弟们读写文章。有一天，宋真宗提拔晏殊为辅佐太子读书的东宫官。大

---

　　〔1〕 出自《礼记·中庸》，意思是说：只有天下最真诚的人，才能制定治理天下的法则，树立天下的根本，掌握天地化育万物的道理。

臣们惊讶异常，不明白宋真宗为何作出这样的决定。宋真宗说："近来群臣经常游玩饮宴，只有晏殊闭门读书，如此自重谨慎，正是东宫官合适的人选。"晏殊谢恩后说："我其实也是个喜欢游玩饮宴的人，只是家贫而已。若我有钱，早就参与宴游了。"这两件事使晏殊在群臣面前有了信誉，宋真宗也更加信任他了。

晏殊的诚实为自己赢得了信任，促进了其事业的飞速发展。一个诚实的人可能会犯错误，但是能够得到人们的谅解；不诚实的人即使不犯错误，也不会为人们所认可。诚实如同"名片"和"敲门砖"一样，是一种良好的形象和品牌，是一个人做事和能够做成事的人格条件。

《礼记·中庸》篇中说："诚者自成也，而道自道也。诚者，物之终始，不诚无物。是故君子诚之为贵。诚者，非自成己而已也，所以成物也。成己，仁也；成物，知也。性之德也，合外内之道也，故时措之宜也。"意思是说，诚是自我完成的，而道是自己履行的。诚的精神贯穿万物的始终，所以君子最珍视诚。至诚的人不仅能够成就自我，还能成就外物。成就自己属于仁，成就外物属于智。仁和智都是本性固有的品德，成己成物是内外结合的方式，所以随时应用都能适宜。

真实没有虚妄叫作真诚。真诚是人之所以自成其身的道理，比如真心尽孝，才成为人子；真心尽忠，才成为人臣，所以说是自成。这种真诚存在于人伦日常之中，它叫作道。这种道，是人所应当做的，比如侍奉双亲，做子女的应当竭尽全力；对待事业，应当恪尽职守，所以说是自道。人若不诚，虽有所作为，到底只是虚文，譬如不诚心去为孝，就不是孝；不诚心去尽忠，就不是忠。所以君子必须以诚为贵，而择善固执以求到达真实的境地。

真诚固然可以自成，但是又不止成就自家一身而已，天下的人同有此心，同有此理，而使人人都有所成就，也因此成就事物、成就自己，则没有自私，叫作仁。成就事物，各得其所，叫作智。然而仁和智，非从外来，源于本性，是固有的道德，与生俱来，是内外合一的道理。君子忧虑的是心中没有真诚，心既诚，则仁智兼得，一以贯之，不论处己处物，在任何时候施行都适宜。由此可见，仁和智是一道，得到就都得，物我一理，岂有能成己而不能成物呢？所以说，真诚不仅能成就自己，也能成就万物。

做到诚实，要尊重客观事实，是黑即黑，是白即白，不能因任何原因而搪塞或推诿，更不能虚造事实欺骗他人。在面对利益时，首先要思考：我要不要得？我能不能得？要通过自身的积极努力，以真实行动来获取荣誉或利益，不能依靠虚假的表象来迷惑他人。否则，即使获得了暂时的满足，也不会长久。所谓"路遥知马力，日久见人心"说的就是这个意思。

北魏时期，辽东公翟黑子深受世祖的恩宠，他奉公出使并州时，竟收受布上千匹。事情很快就被发现了。于是翟黑子向高允请教对策，他说："如果圣上问及此事，我是自首服罪呢，还是避而不答？"高允道："您是朝廷中的宠臣，有罪应该首先如实交代，或许能够被原谅，不能够再次欺骗皇上。"而中书侍郎崔鉴和公孙质等人却不这样认为，他们

都说："一旦自首从实招认，获罪是大是小实在无法测度，因此最好是避而不答。"翟黑子认为崔鉴等人更关心自己，就怒气冲冲地对高允说："按您说的去做，简直就是引我去送死！"后来，翟黑子在回复世祖的提问时因没能说实话被世祖疏远，最后获罪而遭杀戮。

世祖派高允给恭宗讲授经书，当崔浩因为史书内容被捕时，恭宗对高允说："入朝见到圣上时，我自然会引导你的。倘若圣上有事问你，你只管依着我的话说。"入朝后见到世祖，恭宗说："中书侍郎高允自

在臣的宫中以来，已共同相处多年，他做事小心谨慎而且周密。虽然他与崔浩同做一事，然而高允地位低微，都是听从崔浩的主张，请饶恕他的性命吧。"世祖把高允叫到面前，对他说："《国书》是否都是由崔浩撰写的呢？"高允答道："是臣与崔浩共同撰写的。崔浩所负责的事情，多是总体构思设计，至于具体写作方面，臣做得比崔浩多。"世祖听后勃然大怒，说道："这个罪比崔浩还重，怎么能留他活路！"恭宗急忙说："高允是小臣，见到圣上威严庄重的样子，就语无伦次了。臣细细地问过高允，他每次都说是崔浩写的。"世祖问高允："果然像太子所说的吗？"高允答道："臣才质平庸，著述写作时谬误百出，冒犯了天威，此罪理应灭族，如今臣已甘愿受死，所以不敢不说实话。殿下因为臣长期为他讲习授课，所以可怜臣，为臣祈求活命。其实他并没有问过臣，臣也没有说过那些话，臣回答圣上的都是实话，不敢心神无主。"

世祖对恭宗说道："正直啊！这是世人难做到的而高允能做到，到死不改口，这是诚实的表现；为臣不欺骗君王，这是忠诚的表现，应当赦免他的罪责以表彰他的行为。"于是赦免了他。

事后，恭宗责备高允说："我想为你开脱，但你不依从，是什么原因呢？"高允说："我和崔浩同是史官，同生死，共荣辱，按道义不能享受特殊，假如真的蒙受殿下免死之恩，违心活着，这不是我的本愿。"恭宗深受感动，连连赞叹。高允回去后，对人说："我不听太子殿下的话，是因为害怕自己像翟黑子一样被处死。"

要做到说实话不困难，难的是无论何时、何地、何种情况下都说实话。特别是在面临压力或者利益诱惑的情况下，或为了取悦他人，或为了获取利益，许多人往往会违背自己诚实的品格，说一些让对方高兴的话，做一些让对方高兴的事，真正能够像高允那样宁死不说谎的人少之又少。而那些能够坚持原则，时刻做到诚信待人的人，即便会受到一时的误解，长久来看，也会因为诚实的品质收获真挚的友情和长久的尊重。

思考题

1. 请讲一讲"诚"与"信"的关系。

2. 你成长经历中遇到过哪些讲诚信的人，他们对你产生了哪些影响？

3. 为什么说"人若不诚，虽有所作为，到底只是虚文"？

五、诚信，贵见于行

寡言而行，以成其信。

——《礼记·缁衣》

《礼记·缁衣》中提到："寡言而行，以成其信。"意思是说，（君子）要少说话多做事，以显示和达到诚信的目的。对于判断一个人，孔子还主张"听其言，观其行"。明代吕坤说得更为中肯："不须犯一口说，不须着一意念，只凭真真诚诚行将去，久则自有不言之信，默成之孚。"（《呻吟语·应务》）意思是说，诚信的确立不必时时挂在嘴边，也不用苦思冥想，只要真心诚意地去做，时间长了会自然而然地形成不言自明的诚信，并为人们所信服。

诚贵于心，信贵于行。要做到诚信，不仅要诚实不自欺，还要做到言行一致，言必有信，信见于行。答应他人的事，一定要做到。同他人约定见面，一定要准时赴约。参加各种活动，一定要准时赶到。所以，判断一个人是不是诚信之人，看他所说与所做是否相符，便可一目了然。

季札，又称公子札，春秋时期吴国人，吴王寿梦最小的儿子，被封于延陵，人称延陵季子，后又封州来，又称来季子。

季子要到西边去访问晋国，佩带宝剑拜访了徐国国君。徐国国君观赏季子的宝剑，嘴上没有说什么，但脸色

透露出想要宝剑的意思。季子因为有出使晋国的任务，就没有把宝剑献给徐国国君，但是心里已经答应给他。

季子出使在晋国，总想着回来，可是徐国国君却已经死在楚国。于是，季子解下宝剑送给继位的徐国国君。随从人员阻止他说："这是吴国的宝物，不是用来作赠礼的。"季子说："我不是赠给他的。前些日子我经过这里，徐国国君观赏我的宝剑，嘴上没有说什么，但是他的脸上露出想要这把宝剑的表情；我因为有出使晋国的任务，就没有献给他。虽是这样，但我心里已经答应给他了。如今因为他死了就不再把宝剑进献给他，这是欺骗我自己的良心。因为爱惜宝剑就使自己的良心虚伪，廉洁的人是不会这样的。"于是解下宝剑送给了继位的徐国国君。继位的徐国国君说："先君没有留下遗命，我不敢接受宝剑。"于是，季子把宝剑挂在已故徐国国君坟墓边的树上就走了。

徐国人赞美季子，歌唱他说："延陵季子兮不忘故，脱千金之剑兮带丘墓。"

"季札挂剑践诺言"的典故流传千古。季子虽然没有用言语表明要送剑于徐国国君，但对心里默应的事情也要坚决做到，这种诚信为人的态度怎能不让人赞叹，令后代歌颂！

通过言语表达出来的是承诺，心里默许的一样也是承诺；兑现说出的诺言是守信，践行默许的承诺更是守信。守信的前提是要有承诺，承诺之重要不言自明。

人人渴望诚信、呼唤诚信。可是，诚信却不会自动降临人间。唯有每一个人自觉把诚信扎根于心中、主动把诚信落实在行动上，我们的生活才会充满温暖和爱。

在当代，我们的生活中也不缺乏恪守诚信的事例。

山东即墨女孩马俊俊"替父还债"的故事体现的就是对于诚信的坚守。马俊俊省吃俭用，既要打工还债，还要供弟弟上学，每攒够一定数额的钱就去还债。目前，她已经还了 4 万多元，还款记录本上划掉了长长一串名字，还有不到两万元，父母欠的债就还清了。

马俊俊是一个普通的"90后"女孩，因为家庭原因她不得不放弃大学梦，高中一毕业就开始了打工生涯。在父母双亡后，她挑起了家庭的大梁，不但要供弟弟上学，还承担起替父还债的"责任"。"不管多苦多累，我一定要把我爸欠下的钱还清"，朴实的话语、坚定的决心，正来源于对诚信的坚守。

"三杯吐然诺，五岳倒为轻"，诚信既是"敬德修业之本""立政之本"和"利人之道"，也是中华民族代代相传、永不舍弃的美德。一个人的成功需要知识、需要勤奋、需要机遇，而最根本的是不能忘记诚信。恪守诚信"替父还债"，马俊俊的故事虽不是惊天地、泣鬼神，但她用实际行动为人们树立了值得学习的道德榜样。

"诚信之人，人共敬之；无信之人，人必弃之"，无论是做人还是为官，都应当奉行诚信这一基本原则。一是守住底线。在"鱼"与"熊掌"不可兼得时，应作出正确的抉择，自觉约束内心的欲望，耐得住寂寞、受得了打击、经得起诱惑。二是以诚信为本。"勿以恶小而为之，勿以善小而不为"，实现道德上的自我完善，应当慎独、慎权、慎微，应当有所为、有所不为。

如今，经济发展了、生活变好了，很多人的诚信却缺失了。人与人之间的信任在丧失，冷漠无情、巧取豪夺、唯利是图、互相猜忌；食品安全警钟频响、理财诈骗花样百出、荣誉和职位以不正当手段谋取、学历学位大肆造假，"利"之所在，某些人"无所不取""无所不为"。与马俊俊相比，这些人的品德相差何止十万八千里。

正是由于这种现象的存在，人性和社会正在更加强烈地呼唤诚信的回归。而失信所付出的代价也越发严重。

2015年，最高人民法院出台了《关于限制被执行人高消费及有关消费的若干规定》。其中第3条规定：被执行人为自然人的，被采取限制消费措施后，不得有以下高消费及非生活和工作必需的消费行为：

（一）乘坐交通工具时，选择飞机、列车软卧、轮船二等以上舱位；

（二）在星级以上宾馆、酒店、夜总会、高尔夫球场等场所进行高消费；

（三）购买不动产或者新建、扩建、高档装修房屋；

（四）租赁高档写字楼、宾馆、公寓等场所办公；

（五）购买非经营必需车辆；

（六）旅游、度假；

（七）子女就读高收费私立学校；

（八）支付高额保费购买保险理财产品；

（九）乘坐G字头动车组列车全部座位、其他动车组列车一等以上座位等其他非生活和工作必需的消费行为。

被执行人为单位的，被采取限制消费措施后，被执行人及其法定代表人、主要负责人、影响债务履行的直接责任人员、实际控制人不得实施前款规定的行为。因私消费以个人财产实施前款规定行为的，可以向执行法院提出申请。执行法院审查属实的，应予准许。

《论语·学而》篇中曰："信近于义，言可复也。恭近于礼，远耻辱也。因不失其亲，亦可宗也。"意思是说，所守的约言符合义，说的话就能兑现。态度容貌的庄矜合于礼，就不致遭受侮辱。依靠关系深的人，也就可靠了。

天下的事，必须谨慎于事情的初始，然后才会有好的结果。比如，与人用言语相约定，本来是想落实自己的言行，但是当所说的话不符合道义情理的时候，将来的行为是不能做到的，一定会失约失信。所以起初与人相约的时候就要思量，所说的话必须都符合情理，与道义接近，这样今天所说的话，他日都可以见之于行动，而不至于失信，所以说"言可复"也。待人接物之礼本应当恭敬，但也必须有个尺度。恭敬若不能做到恰到好处，便成为过分的恭敬，反而导致别人的轻贱。因此，凡是对他人恭敬的时候，就要斟酌，务必合乎礼的仪式，而不可超过礼仪。这样就会"内不失己之恭敬，外不失人之礼节"，自然不至于卑贱而自取其辱，所以说"远耻辱"也。与人相依，本来希望交往长久，但是所依靠的人不是好人，开始虽然暂时聚合，但终会背离。所以在结交朋友之初，就要审慎选择，不可失去那些有道义可以亲近的人，尤其不可失去那些可以长久依靠的人。由此可见，人的言行交往要谨慎于初始而重视结果。

诚信，是一个人立身处世所必备的基本素质，更是一种可贵的修养和情操。养成诚信的习惯必须从小事做起，从点滴做起，从细微之处做起，身体力行，见诸行动。唯有如此，才能完成诚信的道德培养，才能不断地提高和完善自我。

作家大仲马说过，当信用消失的时候，肉体就没有生命。在此，我们也以一首小诗与大家共勉：

诚信是一枚凝重的砝码，

放上它生命不再摇摆不定，天平立即稳稳地倾向一端。

诚信是一轮朗耀的明月，唯有与高处的皎洁对视，

才能沉淀出对待生命的真正态度。

诚信是一道山巅的流水，

能够洗尽浮华，洗尽躁动，洗尽虚假，留下启悟心灵的妙谛。

诚信是一个人的立身之本，"诚信之人，人共敬之；无信之人，人必弃之"，不论是做人还是做事，都应当奉行诚信这一基本规则。一个人，只有诚信地对待自己、对待工作、对待他人，才可能得到社会公众的普遍认可和接受，才能提升自我，达到更高的人生境界。

思考题

1. 请以诚信为主题，谈一谈认识诚信与践行诚信之间的关系。

2. 如何从慎独、慎权、慎微出发，积极践行诚信？

3. 如何理解"诚信之人，人共敬之；无信之人，人必弃之"这句话？请举例说明。

推荐书目

1.《悲惨世界》，［法］雨果著，李丹、方于译，人民文学出版社
2015 年版。

2.《包法利夫人》，［法］福楼拜著，李健吾译，人民文学出版社
2015 年版。

推荐电影

1.《了不起的盖茨比》（2013 年），巴兹·鲁赫曼执导。

2.《阿甘正传》（1994 年），罗伯特·泽米吉斯执导。

第七篇

荣 辱

　　自古以来，尚荣知耻、弃恶扬善一直是为世人所称颂的优良美德。在传统文化中，荣辱问题不仅关系到做人之根本，更关系到一个民族、一个国家的兴衰。"仓廪实而知礼节，衣食足而知荣辱"[1]，"礼义廉耻，国之四维，四维不张，国乃灭亡"[2]，诸如此类的论述比比皆是。从做人的角度来说，如何看待荣辱问题，以做什么样的事为荣，以做什么样的事为辱，具有明确的道德指向，其实质就是一个人的价值观问题。因此，知荣辱、明是非对于立身处世具有十分重要的意义和指导作用。

【阅读提示】

1. 培养正确的荣辱观。
2. 了解个人荣辱与国家责任之间的相互关系。

---

[1]《管子·牧民》。
[2]《管子·牧民》。

一、知耻近乎勇

子曰:"好学近乎知,力行近乎仁,知耻近乎勇。"
——《礼记·中庸》

《礼记·中庸》中所记载的这句话的意思:"好学的人,离智者也就不远了;无论何事都竭尽所能去做的人,离仁者也就不远了;时时刻刻把'荣辱'二字记在心上的人,离勇者也就不远了。知此三件事的人,便可以理解为何人人都需要修身了。懂得怎样提高自身修养就懂得管理人,懂得管理人就懂得治理国家和天下了。"

每个人的一生都不可能一帆风顺、从不犯错,可是,不同的人看待自身过错、耻辱的态度却截然不同。生活中,很多人对于自己的耻辱不愿多想,希望将它遗忘在记忆的深处,更不要说直面错误、以此为鉴了。只有坚韧不拔之人才会勇敢地面对个人的荣辱沉浮,通过不断自省来鞭策自己。古今中外历史上,这样的例子比比皆是。

清代学者朱起凤年轻时在一家书院教书,因为没厘清"首施两端"和"首鼠两端"两词通用,而错判学生的作文,遭到众人的奚落。他知羞耻而发愤图强,潜心于词语研究,编成了三百多万字的《辞通》,为汉语言文字的发展做出了重要贡献。

英国生物学家谢灵顿早年沾染恶习,在向一位女工求婚时,被姑娘一句"我宁愿跳进泰晤士河里淹死,也不会嫁给你"深深刺痛,从此幡然醒悟,努力钻研医学和生物学,并最终在1932年获得了诺贝尔生理学或医学奖。

知羞耻不仅是做人的基本要求,从某种意义上说也是新的起点。
在历史的长河中,许多勇而知耻者流芳后世,而那些忘却耻辱、满足现状的人往往容易遭受失败。

春秋时期，吴越交兵，越国兵败。越王勾践入吴宫，做了吴王夫差的奴隶。勾践含羞忍辱，终于获释回国。他卧薪尝胆，访贫问苦，任用贤才，发展生产。那种情况，在我国历代统治者中绝无仅有。十年生聚，十年教训，终于使国家富足，军队精壮，一举灭掉吴国，勾践也因此成为春秋霸主。

这就是知耻而后勇！其实，吴王夫差也不是个简单人物。当年勾践与吴王阖闾作战，大败阖闾，阖闾因此气病而死。夫差继位，每天必使人喊：夫差，你忘了越国之仇了吗？夫差则涕泣说：不敢忘！这才有后来的勾践成为他奴隶的事实。这是比勾践还早的知耻而后勇！但此人胜利后便沉溺于酒色，又以霸主自居，东征西讨，结怨于诸侯，加上杀贤臣、亲小人，终于灭国亡身。

1970年12月7日，西德总理勃兰特访问波兰，他的行程包括参观华沙犹太人纪念碑。在那里，他为当年起义的牺牲者敬献了花圈后，突然后退几步，双膝下跪。据说事后勃兰特曾说，我这样做，是因为语言已失去了表现力。"华沙之跪"是西德与东欧各国改善关系的重要里程碑，也为其被接纳入联合国铺路。

儒学的经典著作《论语》里，有一句人们耳熟能详的名言："道之以德，齐之以礼，有耻且格。"意思是说，如果能用道德来教育百姓，同时又用礼法来约束他们，那么，百姓就不但具备羞耻之心，而且能自我检点而归于正道。可见，孔子把知耻的作用看得很重，甚至到了治国安邦、惠泽百姓的高度。

早在孔子之前，周公就明确地意识到尚荣知耻对国家安定的重要性。商朝灭亡，周公总结其教训，认为主要原因在于无德无道，满朝文武寻欢作乐、欺压百姓，不以为耻，反以为荣。因此，他力主加强道德建设，大倡荣耻之心。在东征胜利之后，在繁忙的政务之余，周公花了大量时间和精力制作新的礼乐制度，史称"先君周公制周礼"。其中包括嫡长子继承制、爵与谥之制、条律之制、驭官之制、礼乐之制等，形成了一整套治理国家的政治制度和社会制度。从此君臣有礼、巷民互敬、举国稳定。

知耻近乎勇，不要忘了往日的耻辱，别让它消磨了你的意志，让它成为后事的镜子，时时照照自己。待从头，东山再起之日，你便会感谢耻辱让你有了求胜的意志，把你磨砺成了一个生活的勇者。

思考题

1. 为什么说"知耻"从某种程度上说是事业的起点？

2. 你认为"学礼"与"知耻"之间存在哪些联系？

3. 你认为"知耻"对人的成长有哪些影响？

二、先义后利者荣

> 好荣恶辱，好利恶害，是君子小人之所同也，若其所以求
> 之之道则异矣。
>
> ——《荀子·荣辱》

记载在《荀子·荣辱》篇中的这段话意思是说，就人的资质、本性、智慧、才能来说，君子和小人是一样的。喜欢光荣而厌恶耻辱，爱好利益而憎恶祸害，这也是君子与小人相同的地方，只是他们用来求取光荣、利益的途径不同。

具体来说，小人恣意妄言却还要别人相信自己，竭力欺诈却还要别人亲近自己，禽兽一般的行为却还要别人赞美自己。他们考虑问题难以明智，做起事来难以稳妥，坚持的一套理论难以成立，结果就一定不能得到他们所喜欢的光荣和利益，而必然会遭受他们所厌恶的耻辱和祸害。至于君子，对别人说真话，也希望别人相信自己；对别人忠诚，也希望别人亲近自己。善良正直而处理事务合宜，也希望别人赞美自己。他们考虑问题比较明智，做起事来比较稳妥，坚持的主张容易成立，结果就一定能得到他们的荣誉和利益，一定不会遭受他们所厌恶的耻辱和祸害。所以他们穷困时名声也不会被湮没，而通达时名声会十分显赫，去世之后名声会更加辉煌。

面对君子的通达，小人会羡慕地说："这些人的智慧、思虑、资质、本性，肯定有超过别人的地方！"他们不知道君子的资质，才能与自己并没有什么不同，只是君子将它措置安排得恰当，而小人将它措置安排错了。

那么，我们获得荣誉、避免耻辱的正确途径应该是什么呢？《荀子·荣辱》篇给出了答案，荣誉和耻辱的主要区别、安危利害的一般

情况是：先考虑道义而后考虑利益的就会得到荣誉，先考虑利益而后考虑道义的就会受到耻辱。[1]这可以作为我们判断自身行为正确与否、预测荣辱结果的标准与途径，即做任何事都要以道义为先，并时刻谨记，努力践行。

诸葛亮是三国时杰出的政治家、军事家，被誉为千古良相。诸葛亮父母早亡，由叔父抚养长大，后因徐州之乱避乱荆州，潜心向学，淡泊明志。后受刘备三顾之礼，助蜀汉建立，拜为丞相。刘备伐吴失败，受托孤于永安，辅佐幼

鞠躬尽瘁
死而后已

主。为完成统一中原、兴复汉室的大业，他因积劳成疾而病逝，享年54岁，谥曰忠武侯。诸葛亮"鞠躬尽瘁，死而后已"的高尚品格，千百年来一直为人们所敬仰和怀念。

在现代社会中，我们很少能有机会面对大是大非、大荣大辱的生死抉择。但是，一些不良的行为习惯、思想苗头还是会导致我们的荣辱观发生某些不良的变化，用不正当的行为去实践所谓的"荣"，最后却得到受"辱"的结果。

《荀子·荣辱》专门分析了好与人打斗、擅长用武力解决问题的一类人的心理。意思是说，凡是斗殴的人，一定认为自己是对的而认为别人是错的。自己如果真是对的，别人如果真是错的，那么自己就是君子而他人就是小人了。以君子的身份和小人互相残害，在下来说是忘记了自身，从家庭内部来说，是忘记了自己的亲人；对上来说是忘记了自己

---

〔1〕《荀子·荣辱》原文："荣辱之大分、安危利害之常体：先义而后利者荣，先利而后义者辱。"

的君主；这难道不是错得太离谱了吗？要是把它看做聪明吧，其实没有比这更愚蠢的了；要是把它看做有利吧，其实没有比这更有害的了；要是把它看做光荣吧，其实没有比这更耻辱的了；要是把它看做安全吧，其实没有比这更危险的了。

有这样一个真实的案例：

2013年7月，在北京某地，两名驾车男子因停车与一名女子发生争执。过程中，一名男子殴打该女子，又将婴儿车内的女童摔在地上，导致女童严重受伤，不幸死亡。人民法院最终以故意杀人罪判处摔童男子死刑，剥夺政治权利终身。

许多因为冲动、他人鼓动等而失手伤人、杀人，走上犯罪道路的人，往往在思想上都存在类似的问题。在行为上，他们常常习惯选择用蛮力、拳头解决问题；在思想根源上，他们试图通过这种方式在众人面前获取自尊、利益及体现男子汉气概。但结果恰恰相反，在他们大逞英豪、酿下恶果、锒铛入狱的同时，不但自己丧失了尊严，家人也因此而蒙羞，甚至失去依靠、流离失所。因此，荀子深刻地揭示了这类人将耻辱视作光荣、危险视作安全的极端错误的想法，值得我们引以为戒。

思考题

1. 你认为影响人们"义利观"的要素有哪些？

2. 你认为什么是正确的"义利观"，什么是错误的"义利观"？请举例说明。

3. 我们常说的"哥儿们义气"是否符合文中所强调的正确的"义利观"？为什么？

三、声闻过情，君子耻之

> 君子耻其言之过其行也。
>
> ——《论语·宪问》

在《孟子·离娄下》篇中记载一段有意思的对话，徐子说："孔子几次称赞水，说'水呀，水呀!'他所取于水的是什么呢?"孟子说："有本源的泉水滚滚地往下流，昼夜不停，把洼下之处注满，又继续向前奔流，一直流到海洋去。有本源的便像这样，孔子取它这一点罢了。假若没有本源，一到七八月间，雨水众多，大小沟渠都满了；但是不一会儿就干枯了。所以名誉超过实际的，君子引为耻辱。"[1]

有本源的水，能逐渐前行而不停止，最后流入大海，正所谓渊远而流长。水没有本源就不是这样了，当七八月间的大雨骤至，沟渠中没有不盈满的，然而，雨止水退，沟渠的干涸可以立等而待，水的到来，既不是滚滚而来于不舍；

水的流行，也不是盈满坑洼而渐进。而是忽然爆满又忽然干涸，是水没有本源的缘故，又怎么可取呢? 观察于水，君子之学可以类推。所以人能反身修德，使自己养深而蓄厚，然后，实大声宏，名誉伴随，这便是"有本之水，渐进而不停"的意思。如此才是君子所崇尚的，

---

[1] 徐子曰："仲尼亟称于水，曰：'水哉，水哉!'何取于水也?"孟子曰："源泉混混，不舍昼夜，盈科而后进，放乎四海。有本者如是，是之取尔。苟为无本，七八月之间雨集，沟浍皆盈；其涸也，可立而待也。故声闻过情，君子耻之。"

假如道德本来没有可以称道的，而声誉超过其实，虽然能一时掩饰，但是日久必然败露，就如同沟渠的水容易盈满也容易干涸一样。君子深恶痛绝，以此为耻而不这样做。孔子之所以称赞水，是取有本源而厌恶超过实情的声誉，凡是超越本分而求取声誉的人，能不警惕而深深反省吗？

战国时期，秦国军队围攻赵国，赵国危在旦夕，形势十分危急，向魏国求救却遭拒绝。魏国的信陵君深知，若不救赵国，魏国也将"唇亡齿寒"，无奈劝说不了魏王。情急之下，信陵君派人悄悄偷走魏王的兵符，假传命令杀死大将军晋鄙后，率大军打退秦国军队，保全了赵国。信陵君窃符救赵之后，魏王十分恼恨。信陵君自己也知道这件事得罪了魏王，打退了秦军之后，他便派了一个将军率领晋鄙的军队回魏国，他本人和门客留在了赵国。

赵孝成王感激信陵君当机立断救赵国于危急之中，便打算报答他。与平原君商议之后，决定把五个城封给他。信陵君听到这个消息之后，十分高兴，觉得自己又有了立足之地，地位显赫，心里存着骄傲自满的念头，脸上露出居功自傲的神情。

一位门客见此情形后，对信陵君说："有的事情不可忘，有的事情不可不忘。别人有恩于公子，公子绝对不可忘记；公子有恩于人，希望公子尽快忘了。再说，假传魏王命令，夺取晋鄙的军队来救赵，对赵国是有功，可对魏国就算不忠不义了，并不是一件十分光彩的事情。公子以这件事有功而骄傲，我认为是不可取的。"

信陵君听了这席话顿时猛醒，惭愧得无地自容。赵孝成王本打算用

当时的最高礼节对他进行封赏，信陵君却连称自己有罪，有负于魏国，也无功于赵国，全然不提救赵之功，这使赵王更加敬佩信陵君。

后来魏王也时时挂念自己的这个兄弟，原谅了他的过错，屡次派人请他回国，但信陵君内心非常惭愧，觉得没脸回去。几年之后，恢复了战争能力的秦国大举进攻蒸蒸日上的魏国，魏国处于下风，节节败退，形势危急。信陵君觉得将功补过的机会到了，于是带着自己的门客回到了祖国，被魏王封为上将军，抗击秦军。信陵君迸发了压抑十年的报国激情，利用自己的影响力组成了五国合纵军，亲自率领这支军队大败秦军。

信陵君在奖赏面前能够不迷失自我，冷静分析，果断行动，最终报效其国家，真正做到了名实相符，令人敬佩。在《论语·述而》篇中，记载了孔子所说过的一段话，其大意为：圣人，我不能看见了；能看见君子，就可以了。善人，我不能看见了，能看见有一定操守的人，就可以了，本来没有，却装做有，本来空虚，却装做充足；本来穷困，却要豪华，这样的人便难于保持一定操守了。[1]天下的事，一定有实际，才能长久，若是存心虚伪，本来没有，却装做有的样子；本来空虚，却装做盈满的样子；本来寡少，却装做弥多的样子。这样的虚夸无实，虽然能一时欺骗人，但是根本却没有，自然不能继续下去，要想始终如一，守着永久不变，又怎么可能呢！

在《论语·里仁》篇中，孔子说："古者言之不出也，耻躬之不逮也。"意思是说：古时候言语不轻易出口，就是怕自己的行动跟不上。

---

〔1〕 子曰："圣人，吾不得而见之矣；得见君子者，斯可矣。"子曰："善人，吾不得而见之矣；得见有恒者，斯可矣。亡而为有，虚而为盈，约而为泰，难乎有恒矣。"

《礼记·表记》中说君子"耻有其辞而无其德，耻有其德而无其行"。可见，儒家文化是十分反对言行不一、言过其行的坏作风的，把这种恶劣态度和做法视为是可耻的，从而力倡言行一致、说到做到的好品德。

人的言行必须能够相互印证。古代学习圣言圣行的人，安静平和、少言寡语、不肯轻易说话，这是为什么呢？因为学习的目的是使自己进步，志在身体力行地实践，说忠诚就要尽忠诚，说孝道就要尽孝道，句句言语都有行动落实，心里才安。如果只是信口开河，都不实行，就成了行不及言而夸诞无实的人了。古人深以为耻，而不肯做，所以谨慎语言不轻易说出口。古人崇尚实践，所以忠诚孝道的风气大行；现在的人因各种因素影响可能习惯说大话，也使得信口开河的恶习过盛。

在快节奏的社会中，人很容易急功近利，面对金钱与诱惑、鲜花与掌声，很难保持清醒的头脑。在竞争的压力下，许多人急于推销自己，掩盖缺点，夸大优点，言过其实，这对个人的成长没有好处。有鉴于此，我们一定要正确地对待竞争，尤其要客观评价自己，正视自己的优缺点，扬长避短，做一个表里如一的人。

思考题

1. 你认为文中的信陵君是否应当接受赵国的封赏？为什么？

2. 在现代社会，我们应当注意什么才能避免"德不配位"问题的出现？

3. 请结合文中表达的意思，谈一谈你对"君子敏于行而讷于言"这句话的看法。

四、荣辱之来，必象其德

　　体恭敬而心忠信，术礼义而情爱人，横行天下，虽困四
夷，人莫不贵。

　　　　　　　　　　　　　　　　　　——《荀子·修身》

　　这段话的意思是："体貌恭敬而内心忠信，遵循礼义而内心仁爱，那么走遍天下，即使不受重用而困于四夷之地，人们也没有不敬重他的。"荀子认为，应当把培养正确的荣辱观和日常修身处世原则结合起来，因而把知荣辱视为修身之本。

　　在《晏子春秋》中，对荣辱观的践行有更为系统的论述。叔向问晏子曰："何若则可谓荣矣？"意思是说，怎样做可以得到荣耀呢？晏子回答："事亲孝，无悔往行；事君忠，无悔往辞。和于兄弟，信于朋友，不谄过，不责得，言不相坐，行不相反。在上治民，足以尊君；在下莅修，足以变人。身无所咎，行无所创，可谓荣矣。"大意就是：孝顺父母，忠于君主，与兄弟关系融洽，对朋友讲诚信，不谄媚附和错误的言行，言行一致，当权时不骄横，无权时加强自身修养，不断完善自我，就称得上荣耀了。

　　在《论语·为政》篇中，子张向孔子学求官职得俸禄的方法。孔子所述的大概意思是："要多听各种意见，不明白的地方先放在一旁，对于其余有把握的问题也要谨慎地说出自己的看法，这样就能少犯错误；要多看多观察，不做危险没把握的事情，对于其余有把握的事情谨慎地去实行，这样就能减少事后懊悔。说话少犯错误，做事很少后悔，官职俸禄就可以不求而自至了。"[1]

---

　　〔1〕 此段对话的原文是，子张学干禄。子曰："多闻阙疑，慎言其余，则寡尤；多见阙殆，慎行其余，则寡悔。言寡尤，行寡悔，禄在其中矣。"

君子学习圣人的言行是为了提高自己的道德修养，不可以有求取俸禄的想法，但是学习圣言圣行自然会有得到俸禄的道理，所以不必祈求他人来获取。能多听闻天下的道理，作为自己言语的依据。但是所听到的，如果有怀疑而不能相信的，暂且不要说，其余已经相信的，还要谨慎小心而不敢轻视怠慢，这样所说的恰到好处，而没有人厌恶，外来的罪过自然就少了，就可以少犯错误。

《菜根谭》中讲道："德者，事业之基，未有基不固而栋宇坚久者。"意思是说，事业的根本基础是人的高尚道德，就像建造高楼大厦一样，没有牢固的地基，就不会建造出稳固而耐久的房屋。这也说明了道德对事业成功、获得荣耀的重要性。

唐太宗李世民可谓一代明君。他当政初期，由权位争夺引发的集团争斗造成朝廷上下人心惶惶的局面，此时，李世民表现出了胸怀大度的精神，明确表态对曾经追随这些集团的官员不予追究，还诏赦天下，安抚民众。李世民的德行让对立集团的人深感佩服，使他们心服口服，誓死效忠。

李世民对属下也十分宽厚。一次，李世民出游，一个卫兵不小心脚下滑了一跤，为了稳固自己，无意中一把拉住了李世民的龙袍，险些把李世民拉倒。当时这个卫兵吓得魂不附体，大惊失色。李世民当即安慰卫兵说："这里没有御史（法官），不会问你的罪，不要担心。"同时，他还告诫身边的人不要把这件事传出去。

李世民以德示众，用宽厚的胸襟、高尚的品德对待臣民，因而得到了万民的爱戴与支持，使得国家的实力达到了前所未有的强盛。

《礼记·杂记下》篇中认为，君子有三种忧虑：没听过的知识，忧虑听不到；听到了，又忧虑学不到手；学到手了，又忧虑不能付诸实践。君子有五种羞耻：身居某种职位，而无所建言，君子感到羞耻；有所建言，而不能实行，君子感到羞耻；获得了工作成果，而又因故丧失，君子感到羞耻；土地有余而人民并不富足，君子感到羞耻；物力人力多少相同，而别人的效益高出自己一倍，君子感到羞耻。[1]

君子修身处世必须道德智慧兼备，并且达到极致，才能称为尽善，千万不可草率。有人对道理的确有正确的见解，而且诚实笃信，虽然别人议论纷纷，但一丝一毫都不能动摇他的志向。同时又能孜孜不倦地勉励学习，不断地净化身心，体悟探究其理，以求是非真伪，穷尽其精微奥妙，说话明了，辨别清楚，所相信的全都出于正知正见。遇事心里有主见，对道理坚信不疑，虽然死生利害，却不能使他动摇，又能凡事一定遵循道理，行为一定符合道义。

思考题

1. 你如何看待"德"与"才"的关系？

2.《论语·为政》篇中，孔子对子张的回答在现代社会有什么样的现实意义？

3. 我们应该如何看待《礼记·杂记下》篇中列举的君子的三种忧虑和五种羞耻？

---

〔1〕 原文为："君子有三患：未之闻，患弗得闻也；既闻之，患弗得学也；既学之，患弗能行也。君子有五耻：居其位，无其言，君子耻之；有其言，无其行，君子耻之；既得之而又失之，君子耻之；地有余而民不足，君子耻之；众寡而已倍焉，君子耻之。"

五、个人荣辱与国家责任

邦有道，贫且贱焉，耻也；邦无道，富且贵焉，耻也。
——《论语·泰伯》

传统文化中历来把个人的荣辱与社会、国家的责任有机地统一在一起。在《论语·泰伯》篇中，孔子的这句话的意思为，"政治清明，自己贫贱，是耻辱；政治黑暗，自己富贵，也是耻辱"。这句话今天读来，虽然有偏颇、武断之处，但仔细想来也不无道理。

我国是一个文化历史非常悠久的国家，关于个人荣辱与社会、国家责任之间关系的阐述可谓俯拾皆是。《左传·襄公三十一年》中有"临患不忘国"的记载；西汉大将霍去病"匈奴不灭，无以为家"的铿锵之言犹在耳边；顾炎武"天下兴亡，匹夫有责"的呐喊更是世人皆知；林则徐"苟利国家生死以，岂因祸福避趋之"的诗句更是为世人所传颂。除这些有名的言语之外，历史上，许多精忠报国之人把国家责任置于个人荣辱之上的典故更是让人钦佩。文天祥坚守气节，"留取丹心照汗青"的故事就是其中之一。

南宋末年，朝廷偏安江南，国势弱小，北方蒙古族于 1271 年把矛头直指南宋，南宋面临着亡国灭种的严重威胁。文天祥率兵英勇抗击，不幸兵败被俘，服毒自杀未遂，被关在狱中。元世祖问议事大臣："南方、北方宰相，谁是贤能？"群臣回答："北人无如耶律楚材，南人无如文天祥。"于是，元世祖下了一道命令，授予文天祥高官显位。

文天祥的一些降元旧友立即向文天祥通报了此事，并劝说文天祥投降，但都遭到文天祥的断然拒绝。后元世祖召见文天祥，亲自劝降。文天祥对元世祖长揖不跪。元世祖也没有强迫他下跪，只是说："你在这

里的日子久了，如能改心易
虑，用效忠宋朝的忠心对朕，
那朕可以在中书省给你一个
职位。"文天祥回答："我是
大宋的宰相。国家灭亡了，
我只求速死。不当久生。"元
世祖又问："那你愿意怎么
样？"文天祥回答："但愿一
死足矣！"元世祖十分气恼，于是下令立即处死文天祥。

　　文天祥从容就义后，有人在他的衣带中发现一首诗："孔曰成仁，
孟曰取义，唯其义尽，所以仁至。读圣贤书，所学何事？而今而后，庶
几无愧。"文天祥死时年仅47岁。

　　纵观我国悠久的历史长河，像文天祥这样以报效祖国为荣的例子不
胜枚举。远有"苏武牧羊"19年，作为西汉出使西域的使者，面对匈
奴的威逼利诱不屈服，面对北海恶劣的自然环境仍然不屈服，表现了大
义凛然的堂堂正气。近有"华罗庚献身祖国"，1946年，美国某大学以
优厚的条件聘请著名数学家华罗庚为终身教授，但他回答说："为了抉
择真理，为了国家民族，我要回国去！"于是带着妻儿回到了北平（今
北京）。回国后，他不仅刻苦致力于理论研究，而且足迹遍布全国23个
省（市、区），用数学解决了大量生产中的实际问题，被誉为"人民的
数学家"。此外，还有著名地质学家李四光、生物学家童第周、核物理
学家钱学森、高能物理学家张文裕、化学家唐敖庆……他们个个都满怀
爱国之志，为国家的复兴做出了巨大贡献。

英雄赵一曼：铁骨柔情民族魂

　　一身粗布红衣、一把手枪，骑着一匹白马冒着枪林弹雨冲锋在如火

如荼的战场……

这是当年东北抗日联军中一位女战士真实的形象。她，就是威震敌胆，被誉为"白山黑水"民族魂的抗日女英雄——赵一曼。

距这个最早燃起抗日烽火的战场数千公里之外，大后方的四川宜宾市翠屏山半山腰上，坐落着家乡人民为赵一曼建立的纪念馆，馆里保存着新中国开国将领陈毅元帅的题词："生为人民干部，死为革命英雄。临敌大节不辱，永记人民心中。"

赵一曼，本名李坤泰，1905年10月27日生于宜宾县一个地主家庭。在家乡求学时期接受"五四"进步思想，反抗封建礼教，谋求妇女解放。21岁加入中国共产党，此后在黄埔军校、莫斯科中山大学学习。1928年，23岁的赵一曼从莫斯科中山大学回国，先后在宜昌、上海、江西等地从事地下工作。

1931年日军发动"九一八事变"后，赵一曼被中国共产党派往东北地区领导革命斗争。她曾任哈尔滨总工会代理书记、中共珠河中心县委委员、东北人民革命军第三军第一师第二团政治委员等职务，领导哈尔滨电车工人大罢工，组织农民建立抗日自卫队开展游击战争。1935年秋，赵一曼在与日军作战中为掩护部队突围，身负重伤被俘。

一份尘封的日本档案，记录了赵一曼牺牲前的遭遇："七月二十六日对赵一曼女士的电刑，操作准确，新式电刑器具功能发挥正常，给了赵一曼女士超负荷的最大压力。在长时间经受高强度电刑的状态下，赵一曼女士仍没招供，确属罕见，已不能从医学生理上解释。"

1936年8月2日，赵一曼被日军杀害，年仅31岁。她用自己年轻的生命实现了抗击日寇、保家卫国的铮铮誓言。在英勇就义前，赵一曼留给唯一的骨肉一封家书："宁儿，母亲对你没有尽到教育的责任，实在是遗憾的事情。母亲因为坚决地做了反满抗日的斗争，今天已经到了牺牲的前夕了。母亲和你在生前永远没有再见的机会了……我最亲爱的孩子啊！母亲不用千言万语来教育你，就用实际行动来教育你……"字里行间透露着一位母亲对儿子的思念与愧疚。

历经岁月更迭、时代变迁，女英雄赵一曼仿佛从未离去，她留给后人无尽的精神财富。[1]

其实，把个人荣辱与社会、国家的责任联系在一起，并不是我国独有，可以说是世界上有志之士的普遍共识。古希腊荷马所著的《伊利亚特》中有这样一句话："为祖国倒下的人，他的死是光荣的。"

唐代诗人韦应物在《寄畅当》中也写道："丈夫当为国，破敌如摧山。"一个人，只有时刻把国家的荣辱记在心头，正确地处理个人与社会、国家责任之间的关系时，才能真正地谈荣辱。古人尚知此道理，更何况今人。所以说，我们每个人都应牢牢记住：个人荣誉与国家责任是紧密相连的，任何将二者割裂而把自身利益置于国家民族利益之上的人，都不会得到所谓的"荣耀"，只会自取其辱；相反，将国家民族大义放在首位，甘愿献出生命的人才会彪炳史册、流芳百世，为后代子孙所敬仰。

思考题

1. 请结合自身实际，讲一讲我们应当如何爱国。

2. 你认为今天的爱国和古代历史上的爱国有哪些相同和不同之处？

推荐书目

1.《苦难辉煌》，金一南，作家出版社 2021 年版。

2.《国之脊梁——中国院士的科学人生百年》，中国科学院学部"科学人生·百年"项目组编著，浙江少年儿童出版社 2022 年版。

推荐电影

1.《钱学森》（2012 年），张建亚执导。

2.《赵一曼》（1950 年），沙蒙执导。

---

〔1〕 人民日报：《英雄赵一曼：铁骨柔情民族魂》，载 http://dangshi. people. com. cn/n1/ 2016/0719/c85037-28564540. html？ ivk_ sa＝1024320u，最后访问日期：2024 年 9 月 20 日。

第八篇

财富

　　所谓财富观，是指人们对财富价值的理解认识。财富观是价值观的重要组成部分，不同的财富观引导着人们作出不同的财富选择，指向不同的财富行为，导致不同的财富结果。在我国传统文化中，"君子爱财，取之有道""安贫乐道""奢则不逊，俭则固"等许多关于财富的古训流传久远，对中国人独特的财富观的形成产生了深远的影响。在市场经济高速发展的今天，在财富成为人们不可避免的话题之时，重新审视传统文化中对财富的取舍原则和适用观念，对我们形成正确的财富观，乃至立身处世、发展事业，依然具有十分重要的指导意义。

【阅读提示】

1. 培养正确的财富观。
2. 学会如何正确地积累财富、使用财富。

一、追求财富，人之常情

富而可求也，虽执鞭之士，吾亦为之。

——《论语·述而》

"财富"一词可分为狭义和广义。狭义的财富特指金钱、货币。广义的财富则涵盖了物质与精神方面更为广泛的概念。物质上能满足你各种生产生活需要的物品是财富，精神上能让你愉悦舒畅的也是财富。简言之，一切对人有价值的东西均可称为财富。

我国传统文化肯定人们追求财富行为的合理性和正当性。在《论语》中，孔子多次肯定了社会个体对物质财富的追求和渴望，认为追求财富是人类的本性。在《论语·里仁》篇中，孔子说："富与贵，是人之所欲"，"贫与贱，是人之所恶也"。在《论语·述而》篇中，孔子说："富而可求也，虽执鞭之士，吾亦为之。如不可求者，从吾所好。"执鞭之士，是古代为天子、诸侯和官员出入时手执皮鞭开路的人，在古代是地位较为低下的职业。但孔子认为，如果富贵合于道就可以去追求，即使是给人执鞭的下等差事，我也愿意去做。反之，如果富贵不合于道就不必去追求，那就还是按自己的爱好去做事。可见，在不违反道义的前提下，孔子对人追求财富的欲望和做法是持十分肯定的态度的。

鲁国国君发布过一道命令，声言如果鲁国人在其他诸侯国当奴隶时，有人肯出钱把他们赎出来，可以回国从国库中支取金钱，国家对出钱者补偿。这种规定不但可以保护鲁国人的权益，也对维持国格有利。孔子的弟子子贡觉得有道理，于是，他从别国赎回一些鲁国人，免得他们当奴隶。子贡办了好事，但回国后未从国库中支取金钱。有人称赞子贡不贪财。子贡也因为自己办了好事不贪财而沾沾自喜。孔子却说子贡做错了事。因为这样一来，再也没有人愿意拿钱赎回鲁国人了。

过了不久，鲁国郊外一对夫妇在河边走，妻子一不小心掉进了河里。河里的水很深，天又冷，岸边许多人不敢下水救人，丈夫十分着急，大喊："救命、救命。"眼看妻子被水淹没，丈夫急着哭喊"我不会水，哪位君子下水救救人啊！救上来我重重地谢谢您"。可还是没人下水。这时，孔子的弟子仲由从远处急忙跑来，二话没说就跳进河中，奋力将那个女子救上来。妻子得救，丈夫高兴万分，抓住仲由的手，道谢不止。问好仲由的住处，他第二天牵来一头牛送给仲由以示酬谢，仲由收下了。有人问仲由："你是不是为了得到报酬才救人？"仲由说："不是。""既然不是为了得到好处才去救人，人家给你的好处就不应该要。"仲由说："我不想要，那个人执意要给。"孔子的弟子中，有的认为该收，有的认为不该收。看法不一，议论纷纷。此事传到孔子耳朵里。孔子叫仲由收下这头牛以后，对大家说："仲由收下就对了。这头牛是他该得到的。该得的就得。这样一来，日后见义勇为的人就会多了。"

财富之于国家、百姓，取之应有道，用之亦应有道。孟子对贤明的君主如何保障臣民的生活有这样的看法："明君制民之产，必使仰足以事父母，俯足以蓄妻子，乐岁终身饱，凶年免于死亡。"[1]意思是，贤明的君主治理国家，必须确保民众拥有足够的财产，使他们能够上侍奉父母，下养育妻儿，在丰收之年能够丰衣足食，在灾荒之年能够免于饥饿和死亡。在这里，孟子指出君主治国应以民利为重，强调了人民的物质利益，推崇"民为贵"。孟子的思想不仅肯定了财富对于个人的实际

[1]《孟子·梁惠王上》。

意义，而且其深远影响超越了时空限制，对当今治理国家者同样具有警示作用。先秦儒家的另一个重要人物荀子也肯定了利的客观存在与必要，指出"义与利者，人之所两有也"。荀子认为，即使是尧舜这样的古圣先贤，也不能不让老百姓追求利益和渴望拥有财富。晚明儒家集大成者王夫之曾言："出利入害，人用不生"，意指人若脱离必要的物质利益将陷入困境，无法充分发挥其潜能。

对我国传统文化有着重要影响的道家学说，同样重视遵从道义对获取财富的重要意义。

曹商使秦

宋国有个叫曹商的人，替宋国出使秦国。他去的时候，得了几辆马车。秦王喜欢他，加赐了他百辆马车。

回到宋国后，曹商拜见庄子时，炫耀地说道："住穷弄窄巷里，因为贫穷而要编织鞋子，枯瘦的脖子，焦黄的耳朵，这都是我曹商不如别人的地方；见一次拥有万辆马车的国君，而跟着得到百辆马车，这才是我曹商所擅长的啊。"

庄子说："秦王得病请的医生，治疗痈疖痤疮的得马车一辆，舐尝痔疮的得马车五辆，所治疗的部位越低下，得到的马车就越多，您岂止是治痔疮啊，要不怎么得到的车这么多呢？请从我眼前走开吧！"

庄子认为过多的财富金钱是人的负担，对牺牲人格、谄媚而来的金钱更是不屑一顾。他曾说："夫富者，苦身疾作，多积财而不得尽用，

其为形也亦外矣。"[1]意思是说:"富有的人,劳累身形勤勉操作,积攒了许许多多财富却不能全部享用,那样对身体也太不看重了。"

在道家学说中,"小国寡民"的社会状态是最为完美的:"小邦,寡民……甘其食,美其服,乐其俗,安其居。邻邦相望,鸡犬之声相闻,民至老死,不相往来。"[2]这是一个"乌托邦"式的理想社会。在这个理想社会模式中,道家讲究财富的社会均和,但并没有回避人对财物殷实的需求,只是更加重视心灵的自由与安逸罢了。

正如史学家司马迁所说的那样,"富者,人之情性,所不学而俱欲者也"。[3]追求财富是人之常情,是不需要后天的学习而生来就有的本性。从促进社会经济发展的角度来看,也正是因为人天然地存在这种追求财富的本性,才在客观上促进了社会生产力的发展,从而促进了人们物质生活的极大富裕。追求财富并不可耻,也不是什么不可告人的念头,我们所要摒弃的是那种不知足地、无休止地、不择手段地攫取财富的行为。我们每个人都应正视自己的这种欲望,要能够顺势利导,使这种欲望转变为创新和奋斗的巨大动力,进而促进个人财富积累的同时实现个人身心的健康发展,营造和谐繁荣、有序竞争的社会风气。

思考题

1. 结合文中所举事例,你认为孔子的弟子子贡和仲由在帮助他人之后是否应当收取报酬?并说明理由。

2. 为什么庄子鄙视曹商获取财富的方式?

3. 除了金钱,你认为财富还包括哪些?

---

〔1〕《庄子·外篇·至乐》。

〔2〕《道德经》。

〔3〕《史记·货殖列传》。

二、安贫乐道，富而好礼

子贡曰："贫而无谄，富而无骄，何如？"子曰："可也；未若贫而乐，富而好礼者也。"

——《论语·学而》

我国传统文化强调人追求物质财富的正当性，以及遵从道义对追求物质财富的重要意义，但不唯物质为最终目的。在满足基本生活需要的前提下，古人更强调人要脱离物质条件的制约，追求更高层次的精神财富。

在《论语·雍也》中，孔子说："贤哉，回也！一箪食，一瓢饮，在陋巷。人不堪其忧，回也不改其乐。贤哉，回也！"这里的"回"指颜回，他是春秋末期的鲁国人，是孔子最得意的弟子。颜回为人谦逊好学，不幸早死。自汉代起，颜回被列为七十二贤之首。孔子在谈到颜回时，赞赏地说道：颜回是一个真正具有贤德的人！住在简陋的房子里，只有一碗饭可吃，只有一瓢水可喝。这样贫困的环境，普通人是很难忍受的，而颜回不仅能承受，而且还整天保持着积极学习的劲头，享受着学习带来的乐趣。颜回真是一个贤人啊！

《论语·学而》中记载，子贡求教于孔子：一个人在贫困时不巴结权势，富有时也不会骄傲，这怎么样呢？孔子回答说，不错。但不如贫困时安贫乐道，富有时谦虚好礼。

不管是对颜回的赞赏，还是对子贡的回答，我们都可以看出孔子推崇和倡导的是一种安贫乐道的精神。安贫乐道所形容的是一种甘于贫困恶劣的环境，以追求圣贤之道为乐的生活状态。这不是一种消极的处世态度，而是一剂保持内心平和、追求更高道德的心理良药。孔子不是要人们以贫为安，而是告诉人们，即使处在最贫困的生活环境中也要找到精神上的寄托和心灵上的平静，并以此为乐。唯有如此，才能在贫穷境地中泰然处之，不因贫穷而怨天尤人、心理失衡。

安贫乐道作为一种优秀的道德品质和良好的生活状态，成为一种基因深深地积淀在中华传统血脉中。

王欢，字君厚，晋朝乐陵（今山东博兴）人。他安于贫困，以他所信奉的道德准则为乐，尤其喜爱读书，专心致志地研究学问，从来不操办家产。时常一边讨饭，一边诵读《诗经》。虽然家里存粮不多，但心境始终是和顺的。王欢的妻子为此十分苦恼，竟一把火烧了他的书，并坚决要求改嫁。王欢却笑着对妻子说："你没有听说过汉朝朱买臣妻子的故事吗？"当时知道这件事的人都讥笑他，而王欢却充耳不闻，志向更加坚定，孜孜不倦地读书，终于成为博通古今的大学问家。

对于如何看待富有与贫苦，孔子曾有这样的看法："饭蔬食，饮水，曲肱而枕之，乐亦在其中矣。不义而富且贵，于我如浮云。"[1]意思是说，吃粗粮，喝冷水，弯着胳膊做枕头，乐趣自在其中。做不正当的事而得来的富贵，我看来好像浮云。在孔子看来，人生在世，没有不想饮食充足、居处安逸舒适的。然而，即使贫穷困苦到了极点，自己心中的真实快乐也不会因为贫困而有所损失。与道义相比，财富地位就像浮云一样，又怎么能以此而动摇我的心呢？圣贤之人，不会因为贫穷卑贱而羡慕身外的富贵，不会因富贵而动摇自己的内心。

安贫乐道，不如富而好礼。如果说安贫乐道强调的是贤人身处穷困时的豁达，那么富而好礼追求的则是人们富有时的谦卑。

范蠡，楚国宛（今河南南阳）人。他出身贫寒，但聪敏睿智、胸藏韬略，青年时就学富五车，上晓天文、下识地理，满腹经纶，文韬武略，无所不精。既能治国用兵，又能齐家保身，是先秦时期罕见的

---

〔1〕《论语·述而》。

志士。

范蠡在帮助越王勾践打败吴王夫差之后，急流勇退。他辗转来到齐国，变姓名为鸱夷子皮，带领儿子和门徒在海边结庐而居。勠力垦荒耕作，兼营副业并经商，没几年就积累了数千万家产。他仗义疏财，施善乡梓，范蠡的贤明能干被齐人赏识，齐王把他请进国都临淄，拜为主持政务的相国。他感叹："居官致于卿相，治家能致千金；对于一个白手起家的布衣来讲，已经到了极点。久受尊名，恐怕不是吉祥的征兆。"于是，才三年，他再次急流勇退，向齐王归还了相印，散尽家财给至交和老乡。

一身布衣，范蠡第三次迁徙至陶（今山东定陶），在这个居于"天下之中"（陶地东邻齐、鲁，西接秦、郑，北通晋、燕，南连楚、越）的最佳经商之地，操计然之术（根据时节、气候、民情、风俗等，人弃我取、人取我与，顺其自  然、待机而动）以治产，没出几年，经商积资又成巨富，遂自号陶朱公，当地民众皆尊陶朱公为财神，乃我国道德经商儒商之鼻祖。

史学家司马迁称："范蠡三迁皆有荣名。"史书中有语概括其平生："与时逐而不责于人。"世人誉之："忠以为国，智以保身，商以致富，成名天下。"

安贫乐道也好，富而好礼也罢。不管是贫是富，都不应因物质财富的制约而放弃对精神财富的追求和渴望。与物质财富相比，精神财富所带给我们的幸福感更持久，也更稳固。

有个小伙子总是抱怨自己贫穷，时运不济，他常常自怨自艾地说："我要是能有一大笔钱该有多好啊！到那时我可以舒舒服服地生活。"

这时正巧有一位老石匠从旁边走过。听了他的话，老人问："你为什么要抱怨呢？要知道你已经很富有了！"

"我有什么财富？"小伙困惑不解，"我的财富在哪里？"

"比如你的眼睛，你愿意拿出一只眼睛换些什么东西吗？"老石匠问。

小伙慌忙说："你这是说的什么话？我的眼睛是给什么都不换的。"

石匠说："那么让我来砍掉你的一双手吧，我会给你许多黄金。"

"不，我也绝不用自己的手去换取黄金。"

这时候老石匠说："现在，你看到了吧，你十分富有。为什么你还总是抱怨命运不佳呢？记住我的话：力量和健康是无价之宝，是金钱难以买到的。"说完老石匠就走了。

诚如故事中的老石匠所说，财富其实不仅仅是指金钱，人生在世，有许多金钱买不到的东西，它们比金钱对人来说更重要，比如健康、快乐、爱情，等等。很多人将富有等同于金钱，在求而不得时陷入无穷苦恼。当我们明白财富的更深层含义，拥有道德、拥有健康时，你就已经成了世界上最富有的人！

思考题

1. 古人如何看待财富与道义之间的关系？对我们又有哪些启示？

2. 请谈一谈在人生的不同阶段，我们分别拥有哪些财富？

3. 结合自身经历，请谈一谈你对范蠡在立下大功以及获得大量财富后急流勇退的看法。

三、君子爱财，取之有道

不义而富且贵，于我如浮云。

——《论语·述而》

俗话说，"钱不是万能的，但没有钱是万万不能的"。的确，人要生存于世，绝不可能不食人间烟火，追求金钱财富对于人类生存是必要的。既然没有金钱是万万不能的，那么应该用什么方法、依靠何种途径来获取财富呢？古人先贤给出的答案是君子爱财，取之有道。

《孟子·公孙丑下》记载了这样一件事：

一天，陈臻问孟子："过去在齐国，齐王送您上等金一百镒，您不接受；后来在宋国，宋君送您七十镒，您接受了；在薛，薛君送您五十镒，您也接受了。如果过去的不接受是正确的，那今天的接受便错了；如果今天的接受是正确的，那过去的不接受便错了。二者之中，老师一定有一个错误。"

孟子说："都是正确的。在宋国时，我准备远行，对远行的人一定要送些盘费，因此他说：'送上一点盘费吧。'我为什么不接受？在薛时，我听说路上有危险，需要戒备，因此他说：'听说你需要戒备，送点钱给您买兵器吧。'我为什么不接受？至于在齐国，就没有什么理由。没有什么理由却要送我一些钱，这等于用金钱收买我。哪里有君子是用钱可以收买的呢？"

陈臻见孟子面对他人的馈赠时而推辞时而接受，于是询问其原因。孟子告诉他：事关君子立身的大节操，应该推辞还是应该接受，要看是否符合义理，不可以草率。他今天推辞齐国的馈赠，不是矫正以前的行为，而是推辞应当推辞的；接受宋国、薛国的馈赠，不是损伤廉洁，而是接受应当接受的，只要符合义理就可以。如果只是因为前后行为有所不同就怀疑自己犯了错误，又怎么能真正理解自己呢？

孟子用他的实际行动告诉我们：面对金钱与财富，君子应当依照道义进行判断，如果符合道义就应该接受，当然也不需要标新立异以为高大；至于违背道义不应该接受的，即使一分的利益，也不能轻易获取。孟子对待他人馈赠时的处置原则可以成为后世的法则。

孟子对财富的取舍态度与孔子是一脉相承的。对于财富，孔子说过："富与贵，是人之所欲也，不以其道得之，不处也。贫与贱，是人之所恶不以其道得之，不去。君子去仁，恶乎成名？君子无终食之间违仁，造次必于是，颠沛必于是。"[1]意思是说，富裕和显贵是人人都想得到的，但不用正当的方法得到它，是无法享受的；贫穷与低贱是人人都厌恶的，但不用正当的方法摆脱它，是不会摆脱的。君子如果离开了仁德，又怎么能叫君子呢？即便是一顿饭的时间，君子也不会背离仁德，就算是在最紧迫的时刻、最颠沛流离的时候，也一定会按仁德去办事。

历史上，并不只有儒家文化强调以符合道义的方法获取财富的重要性，佛教之中同样有"净财"与"毒蛇"之说。所谓"净财"，是指通过正当途径和辛勤劳动获得的财富，而"毒蛇"之说则来源于佛教中的一则小故事。

佛陀与弟子阿难外出乞食，看到路边有一块金子，便对阿难说：

---

〔1〕《论语·里仁》。

"这是毒蛇啊。"阿难听后，也应声答道："是啊，师父，这就是一条毒蛇。"

这时，正好有一对父子在附近做农活，闻言前来观看，当他们发现佛陀和阿难所说的毒蛇居然是黄金时，立即欣喜若狂，连忙将黄金捡起，占为己有。

可结果如何呢？黄金非但没有改善他们的生活，反而使他们陷入一桩国库被盗的案件之中并被判处死刑。临刑之前，父子俩抱头痛哭，追悔莫及，至此才明白佛陀所说的毒蛇的含义。

佛家以"毒蛇"隐喻来路不正的财富，意思是说没有通过正当途径和努力获取的财富，往往会如毒蛇一样，给获取者带来意想不到的灾祸。这个故事所展示的道理在现代社会中同样具有深刻的警示意义。

不管是儒家之言，还是佛家所说，都在强调获取财富要通过正当的方式和手段。只有依靠自身努力、通过正当途径获取的财富，才能安心受用。否则，将会心神不宁、度日如年、焦虑担心，还有何幸福和快乐可言？

1997 年，中国银行昆明分行高新支行代理行长张某涉嫌挪用巨额资金给他人使用，因担心东窗事发，张某把父亲送到妹妹处，并与妻子协议离婚，写了一份辞职报告，带上 3 万元出逃东南亚。

辗转到达东南亚某国后，张某办了当地的假身份证，由于语言不通、身份敏感，他不敢外出活动，只能选择栖身寺庙。寺庙的环境十分简陋，张某只能靠在寺中种菜、卖腌菜和做些素食料理的收入勉强生存，常常吃了上顿没下顿，有时甚至要以教徒赠送的食物果腹，日子极为凄苦。留置期间，因上了年纪，张某的部分牙套脱落，他希望办案人员给他一些 502 胶水粘牙套，并说他在国外的时候就是这么处理的。

相较于生活的压力，张某说内心的焦虑、对亲人的思念等心理压力更加折磨人，父亲去世也没能见上最后一面，儿子成长未能陪伴左右。正如张某自己所说"有苦无处说，有家不能回，有病看不起，过着生不如死的日子"。

2019 年 8 月 21 日，昆明市纪委监委在公安机关、中国银行昆明分行等相关单位的通力协作下，利用张某潜回国之机，成功将其抓获。走下押解车时，张某看到周围鳞次栉比的高楼大厦，看到医院先进的医疗设施设备，再次感受到了祖国的繁荣，越发对当初一逃了之的行为悔恨连连。此时距离他外逃已过去了 22 年。[1]

"君子爱财，取之有道"，其中的"道"如何理解呢？用如今的眼光来看，无非两条：一是合乎社会道义，二是合法。

任何人都不愿意过贫穷困顿、流离失所的生活，都希望过得富贵安逸，但这必须通过正当的手段和途径去获取，否则宁守清贫也不享受富贵。这种观念在今天仍有其积极的意义。站在今人的角度，在商者，有没有因为抗拒不了金钱的诱惑而获取不当之利呢？有没有因为贪图物质财富的富足而违规违法呢？在位者，有没有滥用职权、收受贿赂、贪赃枉法呢？这些做法，显然是不符合道义，获取的财富自然也就是佛家所说的"毒蛇"。或许你可能暂时因物质的富足而衣食无忧，但这犹如怀揣"毒蛇"一样。一旦"毒蛇"醒来，难免会咬你一口，至此方悔，悔之晚矣。看看我们周围，有多少人因为难以抵挡诱惑导致身陷囹圄？无数的教训不能不使我们慎思深虑。

---

〔1〕 人民网：《揭秘外逃贪官的悲惨生活：用 502 粘牙套　整日不敢出屋》，载 https://baijiahao. baidu. com/s？id = 1670165748169915156&wfr = spider&for = pc，最后访问日期：2024 年 9 月 20 日。

思考题

1. 什么叫"不义之财"？你认为"不义之财"都包括哪些？

2. 为什么佛教将通过不正当途径获得的财富称为"毒蛇"？

3. 你还知道哪些"不劳而获，身之灾也"的例子？请举出 1 至 2 个并说出你的看法。

四、勤俭节约，用之有度

俭，德之共也；侈，恶之大也。
——《左传·庄公二十四年》

春秋战国时期，鲁庄公命人在庙堂的柱子上涂红漆，在橡子上雕花纹，这在当时都是奢侈而不合礼法的事情。所以，大夫御孙对他进行劝谏，指出这样做实际上是在先人的"大德"中注入了"大恶"，不但不能取悦先人，反而辱没了他们。在劝谏时，大夫御孙总结道："俭，德之共也；侈，恶之大也。"意思是说，节俭，是善行中的大德；奢侈，是邪恶中的大恶。这句话被后人深深铭记。在物质极为丰富的今天，戒奢以俭，不浪费财物，仍然是我们应当崇尚的美德。

孔子在讲到生活奢侈对人的影响时曾说："奢则不孙，俭则固。与其不孙也，宁固。"[1]意思是说，生活奢侈了，人就容易不恭顺，就容易越礼犯上，节俭的人生活就容易显得简陋，我宁可过简陋的生活，也不会为追求奢侈生活而冒越礼犯上的风险。齐景公向孔子请教治国之策时，孔子说："政在节财。"[2]孟子说："人之有道也，饱食暖衣，逸居而无教，则近于禽兽。"[3]他认为，人如果只追求吃饱穿暖、生活安逸而忽视道德，那就与禽兽无异了。唐代大诗人李商隐在《咏史》中，对前朝历史进行了深入而精确地概括和总结，得出了"历览前贤国与家，成由勤俭败由奢"的深刻结论，这一观点对今人同样具有指导意义。诸葛亮把"静以修身，俭以养德"作为"修身"之道；朱子将

---

〔1〕《论语·述而》。
〔2〕《史记·孔子世家》。
〔3〕《孟子·滕文公章句上》。

"一粥一饭，当思来之不易；半丝半缕，恒念物力维艰"当作"齐家"的训言；毛泽东以"厉行节约，勤俭建国"为"治国"经验。由此可见，小到个人、家庭，大到国家、社会，要想生存，要想发展，都离不开勤俭节约这四个字。

在南梁时代，徐勉担任中书令要职，他为政清廉，不追求个人产业，家中几乎没有任何积蓄。朝廷发给他的俸禄也被他常常分发给家族中的贫穷者。看到徐家生活拮据，他身边的人为之担忧。有一天，与他私交较深的几位朋友一同向他进言说："您一点积蓄也没有，百年之后，也得为儿孙们考虑考虑呀……"徐勉回答道：他人做高官，往往留给子孙金银财宝，但我认为，留给子孙清白正直的品格，其价值远胜于金银财宝。我死之后，如果儿孙们有本事，定能自立自强；如果没本事，我即使留下产业，早晚也会落入他人之手。"进言的几位朋友被他说得连连点头称是。

徐勉当官常常不在家，遂多次以书信方式教育子女。有几次他写信给儿子徐崧说："吾家世清廉，故常居贫素。至于产业之事，所未尝言，非值不经营而已……古人所谓以清白遗子孙，不亦厚乎?"徐勉不仅身教，而且言教。有一次，朝中某人带厚礼见徐勉求升官，徐勉拒贿，并对来人说："今夕只可谈风月，不宜及公事"，来人想升官的话始终未敢出口。

勤俭虽不一定能迅速致富，但必定能维持家庭的稳定与繁荣，使生活过得安详而富足。特别是在有了一定的财富积累之后，更应该秉承和厉行勤俭节约的好习惯。

从前，在中原的伏牛山下，住着一个叫吴成的农民，他一生勤俭持家，日子过得无忧无虑，十分美满。

他在临终前，把一块写有"勤俭"二字的横匾交给两个儿子，告诫他们说："你们要想一辈子不受饥挨饿，就一定要照这两个字去做。"

后来，兄弟俩分家时，将匾一锯两半，老大分得一个"勤"字，老二分得一个"俭"字。

老大把"勤"字恭恭敬敬地高悬家中，每天"日出而作，日落而息"，年年五谷丰登。然而，他的妻子过日子大手大脚，孩子们常常将白白的馍馍吃了两口就扔掉，久而久之，家里就没有一点余粮了。

老二自从分得半块匾后，也把"俭"字供放中堂，却把"勤"字忘到九霄云外。他疏于农事，不肯精耕细作，每年所收获的粮食不多。尽管一家几口节衣缩食、省吃俭用，也难以持久。

这一年遇上大旱，老大、老二家中都早已空空如也。他俩情急之下扯下字匾，将"勤""俭"二字踩碎在地。这时，突然有纸条从窗外飞进屋内，兄弟俩连忙拾起，只见上面写道："只勤不俭，好比端个没底的碗，总也盛不满！只俭不勤，坐吃山空，一定要挨饿受穷！"

兄弟俩恍然大悟，这才意识到"勤""俭"二字密不可分、相辅相成、缺一不可。吸取教训以后，他俩将"勤俭持家"四个字贴在自家门上，提醒自己的同时也告诫妻室儿女身体力行，此后日子果然过得一天比一天好。

儒家黜奢崇俭，在当时的历史条件下，与等级制度密不可分。在儒家看来，消费上循礼即为"俭"，而越礼则为"奢"。

在《论语·先进》篇中记载了一则孔子的故事：

孔子的得意门生颜渊死后家贫，无力安葬，其父要求孔子卖掉车子为颜渊置椁，但孔子不仅认为颜渊不应有椁，还说"以吾从大夫之后，不可徒行也"。意思是说，我担任过大夫的官，要遵循"不可步行"的礼的规定。当然这是孔子在委婉地拒绝。但在《礼记·檀弓下》中，对于晏婴一件狐裘穿三十年，祭祖用的猪腿连盘子都放不满，他认为这不是俭而是吝啬，是不符合身份的。

从积极的角度来看，孔子提出的"消费不越礼"，即消费应根据个人的身份地位和财富状况来合理确定的看法，确实具有一定的合理性。对于金钱财富要用之有度，这里的"度"其实就是一个限定。这个可以界定的界限，就是个人的财富状况。现代社会物质财富极为丰富，人民生活水平显著提高，消费观念和理财观念也发生了变化，但是消费不超过"度"的要求对今人来说仍是基本原则。

在消费时，我们应秉持用之有度的观念，防止超越现实、盲目攀比的畸形消费，以及斗富摆阔、挥霍无度的奢靡消费。同时，还应避免过度包装、过度美化的蓄意浪费，以及"长明灯""长流水"等随意浪费资源的现象。在大力建设节约型社会的今天，每个人都应该自觉养成勤俭节约的良好习惯，不论是个人财富还是国家财产，都应用之有度，杜绝浪费。当节约成为一种时尚、一种习惯、一种精神，则勤俭节约的美德将如甘霖，让贫穷的土地开出富裕的花；又似雨露，让富有的土地结下收获的果。

思考题

1. 请结合实际谈一谈你对"俭，德之共也；侈，恶之大也"这句话的看法。

2. 请谈一谈"勤"与"俭"的关系。

3. 你认为当今社会怎样消费才不会超过"度"？

五、博施济众，达兼天下

独富独贵，君子耻之。

——《孔子家语·六本》

我国传统文化十分反感少数人贪得无厌、垄断财富的行为，并认为在个人财富积累到一定阶段时，要能够把追求财富与社会公利有机地统一起来。《论语·雍也》篇记载，子贡就"仁"的问题向孔子求教。子贡问道，如果能够把恩惠施予民众，并且可以帮助大家，这种人算得上仁德吗？孔子回答，有这样行为的人岂止是仁！实在是太伟大了！那他一定是圣人。

孔子这种"博施济众"的思想在他的许多言论中都有所体现。在《说苑·杂言》中，孔子说："夫富而能富人者，欲贫而不可得也；贵而能贵人者，欲贱而不可得也；达而能达人者，欲穷而不可得也。"意思是说，能够自己富有而又能使别人富有的人，想贫困是不可能的；能够使自己尊贵而又能使他人尊贵的人，想卑贱也是不可能的；能使自己显达而又能使别人显达的人，想不要别人拥护更是不可能的。《荀子·哀公》中记录孔子对"贤人"的表述为"富有天下而无怨财，布施天下而不病贫。"意思是说，富有天下却不积聚私财，把财产施舍给天下百姓而不担心自己贫困，这样的人才可以称为"贤人"。被后世称为"亚圣"的孟子也十分反感那些只追求自己富贵的人，甚至称那些独占财富的富商大贾为"贱丈夫"。

由此可见，依照我国传统文化的观点，衡量一个人的品德是否优秀，其标准并不是看他拥有多少财富，而是看他拥有财富之后会做些什么。这种"博施济众，达兼天下"的思想在今天看来，同样具有积极的社会意义。

李保国，河北武邑人，1958 年出生，生前是河北农业大学教授、博士生导师。他三十五年如一日扎根太行山，把山区生态治理和群众脱贫致富作为毕生追求，创建了一套完整的山区生态开发模式，探索出经济社会与生态效益同步提升的扶贫新路，被亲切地称为太行山上"新愚公"。

1981 年，作为恢复高考后的第一届大学生，李保国在河北林业专科学校（河北农业大学林学院前身）毕业后，留校任教。上班仅十几天，他便和同事们一起扎进太行山，搞起了山区开发研究。

太行山多是"石头山"，土壤瘠薄。在前南峪村，"年年种树不见树，岁岁造林不见林"。李保国的足迹遍布山上的沟沟壑壑，冒着危险，摸索用爆破整地的方法聚土积流，经历多次失败，终获成功。土加厚了，水留住了，树木的成活率从原来的 10% 提高到 90%，前南峪村植被覆盖率达到 94.6%。几年下来，前南峪村不仅成了远近闻名的富裕村，还成了"太行山最绿的地方"之一。

从在前南峪村工作开始，李保国就把"家"安在了太行山区。他常年起早贪黑，哪怕刮风下雨都上山，研究课题，饿了就用馍加白开水当餐饭。他常说："搞农业科研就要像农民种地一样，春播秋收，脚踏实地。"

2016 年 4 月 10 日，李保国因心脏病突发，抢救无效，永远离开了家人、学生和他太行山里的乡亲们。

三十多年间，李保国先后完成山区开发研究成果 28 项，技术类及应用面积 1826 万亩，让 140 万亩荒山披绿，带动山区农民增收 58.5 亿元。他淡泊名利，既不拿农民给的报酬，也不要企业的股份，终其一生保持了共产党人的清正廉洁、无私奉献。

李保国被追授"全国优秀共产党员""改革先锋""最美奋斗者""时代楷模""全国脱贫攻坚模范"等称号。2019 年，被授予"人民楷模"国家荣誉称号。[1]

---

〔1〕 史自强：《李保国：扎根山区　科学扶贫（奋斗百年路　启航新征程·数风流人物）》，载 http://dangshi.people.com.cn/n1/2021/0615/c436975-32130146.html，最后访问日期：2024 年 9 月 20 日。

这种"博施济众，达兼天下"的财富观，影响了历史上许多仁人志士。他们将其作为人生准则与事业目标，忠实践行并孜孜以求。

范仲淹，宋代大文学家，他的《岳阳楼记》世人皆知，其中"先天下之忧而忧，后天下之乐而乐"更是广为传颂。

在范仲淹还是"穷秀才"的时候，心中就念念不忘救济众人；后来做了宰相，便把俸禄全部拿出来购置义田，赡养一族的贫寒人士。他先买了苏州的南园作为自己的住宅；后来听风水家说："此屋风水极好，后代会出公卿。"他想，这屋子既然会兴发显贵，不如当作学堂，使苏州人的子弟在此中受教育，若多数人能兴发显贵，就更好了，于是他立刻将房子捐出来作为学堂。

范仲淹的儿子们曾经请他在京里购买一所花园宅第，以便退休养老时娱乐，他却说："京中各大官家中的园林甚多，而园主人自己又不能时常游园，那么谁还会不准我游呢！何必自己有花园才能享乐呢？"

范仲淹时时不忘惠泽百姓，不愿自己一家独得好处。他的儿子分别做了宰相、公卿、侍郎，而且个个都是道德崇高者。直到现在，已经有八百年了，苏州的范坟一带仍然有很多范氏的后人，并且时常出现优秀人物。

博施济众是需要有一定的物质基础为支撑的，但这并不代表只有自己充分富足了才能够去践行。小到 5 元、10 元，大到成千上万元，当我们向有困难的人伸出援助之手之时，就已经彰显了人与人之间那种相互关心和支撑。当社会上再没有"为富不仁"，当博施济众成为社会风行的时尚和潮流时，和谐社会的灿烂之光已然呈现矣！

思考题

1. 有人说："我自己挣到的钱就是自己的，凭什么拿去帮助别人？"你如何看待这种观点？

2. 你如何理解儒家"穷则独善其身，达则兼济天下"的济世思想？

3. 你认为个人财富的积累与社会公益是否存在矛盾？

推荐书目

1.《小狗钱钱2》，[德] 博多·舍费尔著，王一帆、张皓莹、任斌译，中信出版社 2021 年版。

2.《富爸爸穷爸爸》，[美] 罗伯特·清崎著，萧明译，四川人民出版社 2019 年版。

推荐电影

1.《当幸福来敲门》(2006 年)，布里尔·穆奇诺执导。

2.《千与千寻》(2001 年)，宫崎骏执导。

第九篇

仁 爱

　　孔子认为，做人的根本在于"仁爱"。对具有社会属性的人类而言，强调人与人之间的"仁爱"精神，不仅是满足内在心理和情感需求的关键，更是构建和谐人际关系的重要手段和基石。从这一点来看，"仁爱"思想与我们现代社会所强调的人本主义、人文关怀等思想是有着内在的联系的。当今社会物质生活极为丰富，人们的心灵却往往容易迷失方向。人与人之间"以利相交""以利相争"，多重"利益"，这就更需要在全社会倡导"仁爱"，呼唤人与人之间深层次的关怀与理解。

【阅读提示】

1. 了解"仁爱"的基本内涵。
2. 学会在社会关系中如何践行"仁爱"。

一、仁者安仁，知者利仁

子曰："不仁者不可以久处约，不可以长处乐。仁者安仁，智者利仁。"

——《论语·里仁》

孔子认为，心中没有仁德的人不可能坚持自己的精神操守，既不能做到安贫乐道，也不能在富贵时保持谦卑。他曾说："君子固穷，小人穷，斯滥矣。"〔1〕意思是说，品德高尚的人即便穷困，也能固守清高的节操，品德卑劣的人一旦穷困，就会胡作非为。这句话也给"不仁者不可以久处约，不可以长处乐"〔2〕作了一个很好的注解。

当今社会，许多人为了一己之私而不择手段地攫取利益，许多人因为沉迷于物质生活的富足而奢侈放纵。因为心中缺少"仁"，许多人丧失了应该坚持的精神操守，有的人甚至因此而逾越了社会规则和法律底线，毁了自己，害了家人。

"仁德"是每个人心中与生俱来的道德，若能坚守这种道德，便能成为自己内心的主宰，不易被外界事物迷惑或动摇。而那些缺少仁德的人，由于被私欲蒙蔽，失去了本心的仁德，心中便没有了主见。如果处在贫穷、卑贱、困苦的境地而缺少道德约束，则会愁闷苦恼，于是为了眼前的利益，肆无忌惮、无所不为；如果处在富贵安逸的环境中而缺少道德约束，时间一久便志得意满，骄傲、淫欲、奢侈、放纵便如影随形，又怎么能长久地处于快乐中呢？只有心怀仁德的人才能做到为人处世不徇私情、不违天理。仁者之道不必强求，而是心与仁相合相安，不论是处于困苦中还是快乐中，都能做到淡忘而不自知，所以说仁者安仁。

---

〔1〕《论语·卫灵公》。
〔2〕《论语·里仁》。

智慧的人，心中有正确的见解，对于仁德有深刻的了解，不论是处于快乐还是困苦中，都能做到不改变自己对仁德的追求，所以说知者利仁。仁德和智慧虽然不同，但是能够保全仁德是一致的，因此，心存仁德的人即使长期处于困苦也不会堕落，即使长久地处于顺境也不会迷惑。

战国时期，齐国孟尝君田文广罗宾客，名声闻于诸侯。冯谖听说田文乐于招揽宾客，便穿着草鞋远道而来见他。田文说："承蒙先生远道光临，有什么指教的？"冯谖回答说："听说您乐于养士，我只是因为贫穷想归附您谋口饭吃。"田文没再说什么便把他安置在下等食客的住所里。

某日，田文出布告，征求可以替他至封邑薛城收债之人，冯谖自愿前往。临行前，冯谖问田文："债收完后，要买什么东西回家呢？"田文回答："看我家缺少什么就买什么吧。"于是冯谖去了薛地，债券合同对完之后，矫造田文的命令，把债券合同烧毁，人民高呼万岁。冯谖赶回去，一早便求见，田文奇怪他怎么回来那么快，问："您买了什么回来呢？"冯答："我看您家中丰衣足食，犬马美女皆有，所以我买了'义'回来。"问："什么是买'义'呢？"冯答："您不照顾、疼爱人民，而加以高利，人民苦不堪言。我于是伪造了您的命令，烧毁了所有的借据，民众都欢呼万岁，这就是买'义'。"田文听完之后很不高兴。过了一年，齐湣王对田文说："寡人不敢以先王之臣为臣。"于是削除田文的职位。田文回到封邑，人民"迎君道中"，田文这才明白冯谖市义的用心。

仁德之人，其爱心无穷无尽。什么是仁德，就是不违背天理的大公无私，在没有私欲的同时，看天下的人就如同自己一样。孔子主张在内心本体层面追求仁德，以实现其最高境界。如果想要实践仁德，也不必向远处追求，从身边人身边事做起，将自己的心比作他人的心。这就是为仁德的方法。

郑国民间设有乡校，作为百姓日常聚会的场所。当时，人们常聚集于此畅谈天下大事，议论国家政事的得失，以及评价官员的政绩优劣。

有的卿大夫不愿意听到百姓的批评议论，就向当时在郑国做相的子产建议毁掉乡校。

子产对他们说："百姓认为好的我就推行，百姓讨厌的事我就改掉。乡校是我的老师，我为什么要毁掉它呢？不让百姓批评议论，就像堵住河水不让水流通，一旦河水决堤，就不可挽救了。"

那些主张毁掉乡校的人也觉得子产顺从民意对国家有利，遂不再坚持。

后来郑简公逝世，在举行丧礼时，一些守陵人的房子正好挡在通往简公墓地的路上，如果绕路而行，丧礼就要推迟到中午。

有人提出拆掉这些民房，因为推迟丧礼对诸侯国派来参加丧礼的宾客不礼貌。

子产则认为，为了丧礼拆掉房子是危害百姓的大事，不能这样做，就说服他们："诸侯国的宾客既然能远道而来参加丧礼，难道就不能坚持到中午吗？不拆掉房子对宾客没有损害，也不会让百姓受到危害，为什么不这样做呢？"在子产的坚持下，百姓的房屋没有被拆掉。

由于子产做事为百姓着想，在他主持国政的时候，百姓得到了许多实实在在的好处。郑国的百姓歌颂他道："我们有土地，子产让它增五谷。我们有子弟，子产对他们教育。子产如果死了，还有谁能继承他！"

曾子说："士不可以不弘毅，任重而道远。"读圣贤书的人，立足于天地之间，以圣贤为目标，因此必须有大涵养。心胸广大，心不安于自足自满，这叫作"弘"，否则就容易狭隘。执守坚定，做事一定要有结果，这叫作"毅"，不坚毅就容易气馁。读圣贤书的人所肩负的任务重大，而前行的路途遥远。由于任务重大，所以必须心胸宽广、志向远大而后才能胜任其重担；由于道路遥远，所以必须坚毅而后才能到达远方。为什么说责任重大，路途遥远呢？因为"仁"是人心圆满的道德，包容万物之理，具备万善之德。读圣贤书的人以实践"仁"为己任，即天下之善、万物之理都在我一身，其责任难道不重大吗？以"仁"为追求，只要一息尚存，此志向就不容一点懈怠，必须时刻鞭策、勇往直前，没有停顿的时候，这样的道路难道不是辛劳艰远的吗？

那么，怎样做才算达到了"仁"的境界呢？

孔子的弟子樊迟曾就这个问题向孔子求教。孔子的回答只有九个字："居处恭，执事敬，与人忠。"意思是说，平日心怀恭谨，做事严肃认真，待人真心实意。

由此可见，仁德根植于心，此心无处不在。因此，实践仁德之道，必须时刻审视并约束自己的内心。日常生活中，无论是个人独处还是与人共事，假如不存有仁心，即失去本来面目，就算不上为"仁"。日常居处做到恭敬庄严，不敢惰慢，那么仁心便存在于日常居处里；做事时严肃认真，谨慎小心，不敢懈怠马虎，那么仁心便存在于做事当中；与人相处，忠实而不欺诈，那么仁心便存在于与人交往之中。身处顺境时要这样做，处于逆境、患难之中更要这样做。日常居处应当庄重，做事需要严肃认真，与人交往也必须忠实。此仁心无往不存，必将永不熄灭，完全与天理融为一体，难道不是仁之道吗？所以，仁者念念不离本心，而安于本性之仁德；智者事事不离本心，而善用本性之仁德。

思考题

1. 有人认为追求仁德与追求财富，两者是互相矛盾、不可兼得的，请谈一谈你的看法。

2. 人在顺境中贯彻"仁"与在逆境中贯彻"仁"有哪些不同？

3. 文中所举"冯谖市义"的例子中，为什么孟尝君听到冯谖将债券烧掉，刚开始不高兴，后来又理解了冯谖的做法？

二、智者知人，仁者爱人

樊迟问仁。子曰："爱人。"问知，子曰："知人"。

——《论语·颜渊》

樊迟向孔子请教，什么叫作"仁"，孔子回答说："爱人。"樊迟又问，什么叫有智慧？孔子回答说："了解他人。"看到樊迟没能透彻理解，孔子继续解释说："选拔正直的人，罢黜各种奸邪之人，这样就能使邪者归正。"

而后樊迟对子夏说：刚才我见到老师，问他什么是智，老师讲：选拔正直的人，罢黜各种奸邪之人，这样就能使邪者归正。这是什么意思？子夏回答，这话讲得多么深刻！舜管理民众，在众人中选拔人才，选了皋陶，不仁的人就被疏远了。汤管理民众，在众人中选拔人才，选了伊尹，不仁的人就被疏远了。

在孔子看来，仁德主要源于平等的关爱，无论是对关系亲近、深厚的人还是对疏远、淡薄的人都心存关爱，这就是仁德。而智慧主要源于正确的辨别，无论是对品质纯正、德才兼备的人还是行为恶劣、碌碌无为的人都明察明辨，这就是智慧。所以仁德的人，爱心无处不在；而智慧的人，择人必然明智。

仁德和智慧看似道路不同，实则殊途同归。如果立心端正，举动光明，这样的人就是正直的，正道正途就应该大胆走下去；假如立心偏颇，举动暧昧，这样的人就是不正直的，意识到自己不在正途，就应当果断舍弃。于是那些不正直的人看见正直的举动，也会有所感悟启发，从而去恶从善，得到改变。

唐朝文宗时期，岭南节度使卢钧因其为官清廉、刚正不阿、宽厚仁爱的品德深受当地百姓爱戴。据传，卢钧初任官职时，当地船主商贾依循旧例，纷纷前往官府，或赠送厚礼，或欲以低价兜售奇珍异宝于卢钧，然卢钧一概未予理睬，甚至直接将其拒之门外。这些商人一时间摸不着头脑。

其中，有位姓钱的商人，自认为对官场心理了如指掌，当他得知卢钧对篆刻艺术极为痴迷后，便千方百计购得一枚罕见的玉章，并以同乡之名求见卢钧。其间，这位商人拿出玉章请卢钧鉴赏，卢钧一见就有些爱不释手，这当真是一方难得一见的印章珍品啊。商人就势大方地表示可以赠送给卢钧。卢钧顿时明白了对方的用意，遂婉言谢绝。卢钧清正廉洁之名更为远扬，很多商人依法守制，再也不想旁门左道了。岭南地区的社会风气也因之逐渐改善。

颜回曾询问孔子何为君子。孔子答曰："爱近仁，度近智，为己不重，为人不轻，君子也夫。"[1]意思是说，心怀爱心则近于仁德，思考问题周全则近于智者，不以自我为中心，多为他人着想，此即君子之道也。颜回又问，比君子略次一等的人应该是什么样。孔子说，还没学习就能行动，还没思考就有所得。你好好努力吧！

---

〔1〕《孔子家语·颜回》。

仁爱和智慧是人类本性中固有的美德，并非通过后天学习方能获得。然而我们在日常生活中看到，并不是所有人都具有这样的美德。为何这种美德不能时常显现？原因在于人们的自私、嫉妒与傲慢遮蔽了原本拥有的这种美德。若人们能摆脱恶习的侵蚀，本性的美德自然会彰显出来，因此可以说，无需刻意学习便能实践，无需刻意追求便能获得。因此，仁爱之心和识人之智，人人都具备，人人都能践行，只要不断地净化身心，就不求自得了。

《孔子家语·颜回》篇中记载，仲孙何忌问颜回，讲究仁德之人，其言辞必有益于仁德与智慧的实践，你能否为我举一例？颜回说，说一个字对智力培养有好处，没有什么比得上"预"字；说一个字对仁有好处，没有什么比得上"恕"字。只有知道什么是不该做的，才能知道什么是应该做的。

能在言语行为尚未发生之前便预先判断其好坏、荣辱者，此乃智者所为。《荀子·荣辱》篇中说，"先义而后利者荣，先利而后义者辱。"意思是说，先考虑道义而后考虑利益的就会得到荣耀，先考虑利益而后考虑道义的就会受到耻辱。所以，智慧的人用道义的标准来衡量自己和他人的言行，便可以洞察一切，预知其结果。处处以己度人，包容宽恕他人，对于任何背离本性的言行，不仅自己不喜，亦不施于他人，此乃仁德之人的表现。

颜回曾问孔子："朋友之间应该怎么相处？"孔子说："君子之于朋友也，心必有非焉，而弗能谓吾不知，其仁人也。不忘久德，不思久怨，仁矣夫。"[1]意思是说，君子对待朋友，心里必然认为对方有做得不对的地方，但不能对朋友说，我不认为这个人是仁人。不忘记朋友从前对自己的恩德，不记着以前对朋友的怨恨，这才是仁德之人。

朋友之间相互交往，当发现对方的问题时，要做到劝谏责善，如果不去劝谏，就会损伤仁德。正如《弟子规》中所说，"善相劝，德皆

---

[1]《孔子家语·颜回》。

建；过不规，道两亏。"意思是说，看到别人的优点要给予鼓励，这对双方在品德上都有益处。看到别人的过失不加规劝，这对双方在道义上都是一种亏损。一个有智慧的人，既能看出别人的不足，又能不失去仁德，只有以无私平等的心去对待他人，才能成就自己的仁爱之心，启发自己的观人之智。

思考题

1. 你认为"知人"与"爱人"的区别和联系是什么？
2. 仁德源于什么？
3. 做到"智"与"仁"的关键分别是什么？

三、智者自知，仁者自爱

> 子曰："智者若何？仁者若何？"子路对曰："智者使人知
> 己，仁者使人爱己。"子曰："可谓士矣。"
>
> ——《孔子家语·三恕》

《孔子家语·三恕》中记载，孔子曾问弟子子路，智慧的人是什么样的？有仁德的人又是什么样的？子路回答说，聪明人使人了解自己，仁德的人使人爱戴自己。孔子说，可以算得上是士了。

后来，孔子又问子贡同样的问题。子贡回答说，聪明人了解他人，仁德之人关爱他人。孔子评价道，这样的人可以称得上是士了。

之后，孔子又向颜回提出同样的问题。颜回答道，聪明人了解自己，仁人关爱自己。孔子听后评价道，这样的人可以称得上是君子了。

人们都希望别人赞赏自己的才华、了解自己的为人、尊敬自己的品德。但是将个人的进步寄希望于他人的认可，这不是君子处事的大道。因为君子事事要求自己，小人事事要求别人，所以我们不能强求别人了解自己、爱戴自己，必须从自己做起，要求自己了解并关爱他人。因此，圣人告诫我们要了解别人，要爱别人。能够做到主动地去了解别人、爱别人已经很难得了，但也没有触及智慧和仁德的根本。只有学会正确地剖析自己、观察自己、评价自己，才能称得上是智慧的人；只有学会如何改变自己、净化自己、完善自己，才能称得上是仁德的人。若不了解自己，又怎能深入了解他人；同样，若不了解他人，他人又何以了解我们。君子注重从根本出发去了解自己的本性，也就了解了别人的本性；知道如何去爱自己，也就知道如何去爱别人。

"知人者智，自知者明。胜人者有力，自胜者强。"[1]如果能够了解别人的优点和缺点，就是聪明的人；而能够了解自身的优点和缺点，才是有大智慧的人。一个人只有发现自身的缺点时，才能改正进步。战胜他人是因为能力强大，能够战胜自身的缺点才算真正的刚强。只有战胜自己内心的私欲、行为的陋习、言语的傲慢，我们才能不违背仁爱的本性，才能称得上是自爱。

鲁哀公问孔子，聪明人长寿吗？讲仁德的人长寿吗？孔子回答道，智者和仁者都是长寿的。但是人有三种死亡不是命中注定的，而是咎由自取。生活起居没有规律，饮食没有规律，过度安逸或过于劳碌，各种疾病会使其丧命；处在下属的地位，却冒犯自己的君长，过于贪婪而攫取不止的人，刑罚会惩戒并杀死他；自己势力小而去冲犯人多势众的人，自己弱小而去招惹强大的人，愤怒起来不分对象，做事不自量力，也会死于刀兵之下。非正常的死亡都是自己招致的。而有大智慧、大仁德的人，会有节制地养生，依据道义实施合理的行为，即使情绪有波动也不至于影响自己的性情、伤害自己的身体，他们能够长寿不也是情理之中的吗？

智慧之人，具备明辨是非之能力，且英明远见。他们在生活中的吃穿住行都不违背中庸之道；在工作岗位上，他们恪尽本分，谨言慎行，

---

〔1〕《道德经·第三十三章》。

竭尽全力地工作；做任何事情都量力而行，不急不躁，没有非分之想。这不就是真正的自知与自爱吗？

《礼记·檀弓上》篇中记载了一则故事：

子夏因痛失爱子而哭至失明。曾子去看望他，说："我听说，朋友双目失明就该为之伤心哭泣。"说完就哭了。子夏一听也哭了，说："天啊！我没有什么过错，为什么要受到这样的报应！"曾子生气地说："子夏！你怎么没罪呢？从前我同你在洙水和泗水河畔侍奉孔老夫子，后来你离开在西河之畔养老，西河的民众认为你的才能与德行可与孔老夫子并称，你却欣然接受，没有推辞，这是你的第一条罪过。你的父母过世，附近的村民都不知道这件事，你不该告诉他们吗？这是你的第二条罪过。你的儿子去世，你毫无节制地痛哭，把眼睛都哭瞎了，这是你的第三条罪过。怎么你还说没罪呢！"子夏扔了手杖，倒身下拜说："我错了！我错了！我离开同学朋友单独生活的时间，把之前学到的道理都忘了。"

只专注于个人情感的满足，却忽视了对天地父母恩情的回馈；只知道一意孤行，忘却了自己的本分；只追求学识的增长，却放弃了教化的责任；因挚爱亲情，而伤害了更为尊贵的厚爱……这些都不是智者的行为、仁者的心愿。因此，若无良师益友，何以实现自知之明？若无仁爱智慧，又怎能成就自爱之德？一个人只有自爱且爱人，自知且知人，才能使仁爱之智常现，智慧之仁永存。

思考题

1. 为什么说"战胜他人是因为能力强大，能够战胜自身的缺点才算真正的刚强"？请举例说明。

2. 你知道哪些只注重个人需求而忽视他人的例子？为什么这种做法是不智、不仁的？

四、己所不欲，勿施于人

子贡问曰："有一言而可以终身行者乎?"子曰："其恕乎! 己所不欲，勿施于人也。"

——《论语·卫灵公》

子贡曾请教孔子，有没有一句可以终身奉行的话呢? 孔子道，大概是"恕"吧! 自己不想做的事情，就不要施加给别人。

孔子告诫我们，仁德之道、中庸之道，虽然不能用一句话说尽，但是实实在在、一生可行的道理，可以归纳为一个"恕"字。人与人虽然形体不同，可是心性是相同的。如果把自己本性所厌恶的，例如自私、怨恨、讥讽、傲慢、邪恶、贪婪等，施加在他人身上，这便不是恕了。所谓恕，就是以自己的心衡量他人的心，从而知道他人的心和自己的心没有区别，所以便不会将自己所厌恶的事情施加在他人身上。再如，我们不愿意被他人无礼对待，那么也不应无礼对待他人；我们不愿意他人对自己不诚实，那么也不应欺骗他人。从他人的角度思考自己，凡事自然明了；从自己的角度考虑他人，自己的所作所为自然恰当。不论远近亲疏，贫富贵贱，都用这个道理去实践，必会事事合宜。

古时洪水泛滥，大禹历经十三年的奋战，抛家舍业，疏通了九条大河，使洪水流入大海，为民众解除了水患，完成了流芳千古的伟大业绩。

到了战国时，有个叫白圭的人，跟孟子谈起这件事，他夸口说："如果让我来治水，一定能比禹做得更好。我只要把河道疏通，让洪水流到邻近的国家去就行了，那不是省事得多吗?"孟子很不客气地对他说："你错了！你把邻国作为聚水的地方，结果将使洪水倒流回来，造成更大的灾害。有仁德的人是不会这样做的。"这就是成语"以邻为壑"的由来。

大禹治水的思路与白圭以邻为壑的想法对比鲜明。白圭只为自己着想、丝毫不顾及别人死活的做法，是典型的"己所不欲，仍施于人"的利己主义，只会害人害己。而大禹历尽辛苦，排洪泄涝，挽救万千百姓，这种推己及人、舍己为人的精神，应当成为我们学习的榜样。

在《论语·阳货》篇中，子张向孔子问仁。孔子道，能够处处实行五种品德，便是仁人了。庄重、宽厚、诚实、勤敏、慈惠。庄重就不致遭受侮辱，宽厚就会得到大众的拥护，诚实就会得到别人的任用，勤敏就会工作效率高、贡献大，慈惠就能够让他人心甘情愿为我所用。

仁德的概念虽然广大，但是超不出我们的心。倘若能积极学习并践行这五种道德，进而推于天下，那么天理公道自然能够在仁德的指导下实现。如果能够处处以恭敬的态度要求自己、对待他人，那么身边之人自然会尊重我们，相处之中也不敢侮辱怠慢；如果能够以宽厚包容大众，那么身边之人自然会对我们心悦诚服；如果能够做到诚实守信，那么身边之人自然会放心依靠我们；如果做事勤劳不拖沓，那么所做之事一定会有所成就；如果体恤他人的饥寒，怜悯他人的劳苦，从而给予他人恩惠，那些感恩的人也会尽心竭力回报我们。

《孔子家语·辨政》篇中记载，子路即将赴任蒲城，拜见孔子时说："我希望能接受先生的教诲。"孔子说："蒲城的情况怎么样？"子路回答说："城里壮士多，而且难治理。"孔子说："我告诉你，谦恭而又客气，就能够使勇猛的人敬畏；宽厚而又正直，可以安抚那些豪强；怜爱而又宽恕，可以容纳穷困的人；温和而又果断可以压住奸邪。像这样治理蒲城就不难了。"

鲁恭三异

鲁恭（32—112年），字仲康，陕西省扶风平陵（今陕西咸阳）人。

鲁恭于东汉章帝建初年间（76—84年）任中牟县令。任上，他专门以德化为理，不尚刑罚。诉讼人许伯等争田产，历任守令不能裁决，鲁恭为他们评论理之曲直，结果都退而自责，辍耕以田相让。亭长借了别人的牛不肯归还，牛主人讼于鲁恭。恭召亭长，令他把牛还给牛主人，再三催促，还是不肯还牛。鲁恭叹道："这是教化行不通啊。"准备辞职而去。掾史们哭泣共相挽留，亭长深感愧悔，把牛还了，亲到监狱受罪，鲁恭宽贷不问。于是官吏百姓都信服。建初七年（82年），郡国螟虫为灾，伤害庄稼，县界犬牙交错，而螟虫不入中牟。河南尹袁安听说后，怀疑不是事实，派肥亲前往察看。肥亲见有野鸡飞过，停在路边，刚好旁边有个童儿，肥亲对童儿说："你为什么不捉住野鸡？"童儿说："这只野鸡正在孵小野鸡哩。"肥亲惊动而起，与鲁恭作别道："我到这里来，本是考察你的政绩。今螟虫不犯中牟，这是第一件异象；德化及于鸟兽，这是第二件异象；连小孩都有仁心，这是第三件异象。我久留在此，只能打扰贤者。"说罢返回府中，向府尹袁安如实作了报告。"三异"的典故也随着鲁恭的德行而流传千古。

谦虚恭敬、宽厚正直、慈爱宽恕、温和果断，一名管理者拥有这样的品德，就会让他人心悦诚服、衷心爱戴。要想拥有这样的品行，就必须设身处地地为别人着想。人们喜欢谦虚恭敬，不喜欢傲慢无礼；喜欢宽厚正直，不喜欢苛刻邪曲；喜欢慈爱宽恕，不喜欢严厉责备；喜欢温和果断，不喜欢暴躁迟疑。所以，只有仁爱的道德，才可以拥有人心；只有智慧的抉择，才可能获得成功。

思考题

1. "以邻为壑"的做法存在哪些问题？这是从根本上解决问题的方法吗？请结合自身实际谈谈你的看法。

2. 孔子认为"仁人"应具备的五种品德是什么？

3. 请结合自身经历，说出一个"己所不欲，勿施于人"的例子。

五、仁者无敌

> 仁之胜不仁也，犹水胜火。
>
> ——《孟子·告子上》

《孟子·告子上》中说，仁胜过不仁，正像水可以扑灭火一样。当我们的道德之水、仁爱之水、智慧之水源源不断地从内心中涌出，所有的自私、怨恨、愚昧也必将像水扑灭火一样被消灭。因此，古人云："仁者无敌。"

我们经常听到的"天时不如地利，地利不如人和"，是孟子在阐述战争与政治、政治与民心之间的关系时得出的结论。《孟子·公孙丑下》认为，有利于作战的天气、时令，比不上有利于作战的地理形势，有利于作战的地理形势，比不上作战中士兵的人心所向、上下团结。方圆三里的内城，方圆七里的外城，围着攻打它却不能取胜。围着攻打它，一定有利于作战的天气；这样却不能取胜，这是因为有利于作战的天气条件比不上有利于作战的地理形势。城墙不是不高，护城河不是不深，武器装备不是不坚固锋利，粮食不是不充足，但是守城者弃城而逃，这是因为对作战有利的地理形势比不上作战中的人心所向、上下团结。

所以说，使人民定居下来而不迁到别地去，不能靠划定的疆域的界限；巩固国防不能靠山河的险要，威慑天下不能靠武器装备的强大。施行仁政的人，帮助支持他的人多；不施行仁政的人，帮助支持他的人少。帮助他的人少到了极点，亲戚都会背叛他。帮助他的人多到了极点，天下人都会归顺他。凭借天下人都归顺（的条件），攻打内外亲戚都背叛（的人），所以君子不战则已，若进行战争，就一定能胜利。

《孟子·离娄上》认为，夏、商、周三代得到天下是由于仁，他们失去天下是由于不仁。国家之所以兴盛或衰落、生存或灭亡也是如此。天子不仁不能保有天下，诸侯不仁不能保有国家，卿大夫不仁不能保有宗庙，士人和普通老百姓不仁，就不能保全身家性命。如今，有些人憎恶死亡却乐于干不仁的事，就好比憎恶喝醉酒却偏要去喝酒一样。

古今中外，因施暴政而丧失天下的帝王不在少数，如夏桀、商纣、秦二世胡亥、隋炀帝杨广等。如孟子所言，他们的所作所为归根结底是由于不能施行仁义，从而引起被统治者的反抗。其实，无论是帝王将相还是布衣百姓，不管是为官经商还是为学务农，都必须认识到"仁"是大道、是原则、是底线。一个人或许可以依靠小聪明、小手段侥幸而得暂时的利益，但从长远来看，终究难以有大的成就。

《孔子家语·好生》篇中记载，子路穿着戎装拜见孔子，拔剑起舞，问道，古代的君子，用剑来保护自己吗？孔子回答，古代的君子以忠诚为本质，以仁德为护卫，不出房间而能了解千里之外的事情。有不善良的人，就用忠诚来教化他，有凶暴的人，就用仁德来限制他，为什么非得拿着剑呢？子路说，我今天才听到这些话，我恭敬地接受您的教诲。

面对不善之人和凶狠残暴之人，武力的压制只是权宜之计，从根本上讲，要用人性中最至诚、最仁爱的方法去教化、规范他们。因为只有人们的心灵得到了真理的净化，感受到了无私的关爱，才会变得温柔祥和。所以，君子时时以忠诚教化，处处以仁爱启迪，如此，邪恶和凶暴才能逐步减少，善良和仁爱才能与日俱增。

《世说新语》记载了这样一个故事：

一位名叫荀巨伯的人远道去探望生病的友人，却遇上敌人攻打这座城池。朋友对荀巨伯说："我今天可能没救了，你快点离开吧！"荀巨伯说："我远道来看望你，你却让我离开，这种弃义求生的事，哪里是我荀巨伯做的出的！"敌人攻进城内，对荀巨伯说："大军来到，全城的人都跑光了，你是什么人，为什么不逃走？"荀巨伯答道："我朋友有病，我不忍丢下他一个人。我愿用我的生命换取他的生命。"敌人将领听罢说道："我们这些不明大义之人，攻进的是讲求道义的地方啊。"于是就撤兵离去了。这座城池得以保全。

当今社会，见利忘义者不在少数。在贪婪的驱使下，许多人将金钱视为唯一目标，为此不择手段，甚至牺牲道德与诚信。但是，上面这则故事告诉我们，一个人最宝贵的财富不是金钱，而是高尚的道德。当我们跳出物质享受的狭隘去追求道德上的满足时，我们才有资格成为人生真正的主宰。

思考题

1. "天时不如地利，地利不如人和"这句话体现的是什么样的道理？

2. 请讲一讲"仁"与国家兴亡之间的关系。

3. 你认为一个人最宝贵的财富是什么？人类是否应当将道德作为最宝贵的财富？

推荐书目

1. 《雾都孤儿》，［英］查尔斯·狄更斯著，黄雨石译，人民文学出版社 2015 年版。

2. 《爱的教育》，［意大利］埃·德·阿米琪斯著，王干卿译，人民文学出版社 1998 年版。

推荐电影

1. 《孔子》（2010 年），胡玫执导。

2. 《忠犬八公》（2023 年），徐昂执导。

第十篇

感　恩

人生在世，不可能一帆风顺，种种失败、无奈都需要我们勇敢地面对、旷达地处理。感恩，是一种生活态度与处世方法，是一个人处在人生低谷时抵御困苦、重获新生的心灵力量。它教会我们在失败时看到差距，在不幸时自立自强，激发我们挑战困难的勇气与追求前进的动力。换一种角度去看待人生的失意与不幸，对生活时时怀有一份感恩的心情，我们就能永远保持健康的心态、完美的人格和进取的信念。

【阅读提示】

1. 了解学会感恩对个人成长的重要意义。
2. 学会如何从挫折中获得新生。

一、投桃报李，人之准则

> 滴水之恩，当以涌泉相报。
>
> ——《增广贤文·朱子家训》

我们常常以"投桃报李"来形容人要懂得感恩。"来而不往，非礼也。"《诗经》中说："投我以木桃，报之以琼瑶。匪报也，永以为好也！"意思是说，你将木桃投赠我，我拿美玉作回报。不是为了答谢你，珍重情意永相好。一个人能够做到视恩情高于金钱，方能显示出他重情重义、知恩图报的美好品质。

韩信年少时家中贫寒，父母双亡。他虽然用功读书、拼命习武，却仍然无以为生，迫不得已，只好到别人家吃"白食"，为此常遭别人冷眼。韩信咽不下这口气，就来到淮水边垂钓，用鱼换饭吃，免不了吃了上顿没下顿。淮水边上有个为人家漂洗纱絮的老妇人，人称"漂母"，见韩信可怜，就把自己的饭菜分给他吃。天天如此，从未间断。韩信深受感动。韩信被封为淮阴侯后，始终没忘记"漂母"的一饭之恩，派人四处寻找，最后以千金相赠。每个人的一生都不会一帆风顺，总会遇到波折与坎坷。即使拥有财富与权势的人，也不敢保证能平安度过一生。在困境时，如果有人能够"雪中送炭"，帮扶一把，哪怕只是一个鼓励的眼神、一句温暖的话语，我们也要时时记着别人的恩德，倾力报答。这是做人的基本准则。

心有大我　志诚报国

黄大年，1958年出生于广西南宁一个知识分子家庭。1977年参加高考，考入长春地质学院应用地球物理系。1982年，黄大年本科毕业，留校任教。

1992年，黄大年赴英国利兹大学地球科学系攻读博士，1996年博士毕业后返回母校。1997年，经单位同意，他再赴国外从事研究。2009年12月，黄大年回归祖国，与吉林大学正式签下全职教授合同，担任吉林大学地球探测科学与技术学院教授。

作为我国深部探测技术与实验研究专项第九分项"深部探测关键仪器装备研制与实验"的首席科学家，他以吉林大学为中心，组织全国优秀科研人员数百人，开启了深部探测关键装备攻关研究。黄大年致力攻关的"航空重力梯度仪"就像一个"透视眼"给地球做CT，能洞穿地下每一个角落。这套系统十年磨一剑，在近年来探明的国外深海大型油田、盆地边缘大型油气田等成功实验中，发挥了至关重要的作用，成为"颠覆性"技术推动行业突破的典范。2016年，在由多位院士专家参加的验收会上，黄大年带领的研究团队取得的成果入选国家科技创新成就展。

黄大年说："我是国家培养出来的，只要祖国需要，我必全力以赴。"

骄人成果的背后是艰辛的付出。回国7年，他像陀螺一样不知疲倦地旋转，常常忘了睡觉、忘了吃饭。2016年11月29日凌晨，黄大年晕倒在出差途中。回到长春，单位强制安排他做了检查，可还没等出结果，他又跑去北京出差。

回到长春还没喘口气儿，黄大年就拿到了住院通知：胆管癌，住院治疗。2017年1月8日，黄大年因病离世，年仅58岁。

师生们纷纷发悼文：为了实现伟大强国梦，这个海外赤子满怀激情回来，即使前路艰辛，他也从来没有放弃对国家的忠诚、对事业的追求……

在广西南宁市园湖路小学，黄大年同志先进事迹教育基地的一本毕业纪念册复印件中，黄大年写的"振兴中华，乃我辈之责"跃然纸上，也深深地刻在母校师生的心里。

黄大年先后荣获"全国优秀共产党员""最美奋斗者""时代楷模"

"全国五一劳动奖章""全国优秀教师"等称号。[1]

从黄大年的例子中我们能够看到，一个人的成功固然离不开自己的努力、天赋、机遇，但同样也离不开国家与社会的帮助。当感恩社会、回报国家时，我们获得的不仅是金钱上的回馈，更是个人价值、社会价值的实现。

感恩是积极向上的思考和谦卑的态度。它是自发性的行为，当一个人懂得感恩时，会将它化作行动，实践于生活中。一个人会因感恩而感到快乐，一个不懂感恩的人很难了解什么是真正的快乐及满足。

《列子·天瑞》记载了这样一个故事：

孔子游泰山时，在路上遇见荣启期，衣不蔽体，但边弹琴边唱歌，一副怡然自得的模样。

孔子问他："先生所以乐，何也？"

荣启期回答："吾乐甚多：天生万物，唯人为贵。而吾得为人，是一乐也。男女之别，男尊女卑，故以男为贵；吾既得为男矣，是二乐也。人生有不见日月、不免襁褓者，吾既已行年九十矣，是三乐也。"

孔子连连点头称是。又不无惋惜地说："以先生高才，倘逢盛世，定可腾达，如今空怀瑾瑜，不得施展，仍然不免遗憾。"

谁知荣启期却不以为然地说："古往今来，读书人多如过江之鲫，而能飞黄腾达者才有几人？贫穷是读书人的常态，而死亡则是所有人的归宿，我既能处于读书人的常态，又可以安心等待人最终的归宿，还有什么可遗憾的呢？"

孔子听了说："善乎！能自宽者也。"这就是"知足者常乐"的典故。

这个故事告诉我们，许多时候，不是我们的生活缺少恩赐与馈赠，

---

[1] 人民网：《黄大年：心有大我 至诚报国（奋斗百年路 启航新征程·数风流人物）》，载 https://baijiahao.baidu.com/s？id = 1702760025268296692&wfr = spider&for = pc，最后访问日期：2024 年 9 月 20 日。

而是我们自己的心态没有摆正，我们总是容易忽略已经拥有的十分珍贵的东西，比如家庭的和睦幸福、身体的健康、孩子孝顺懂事等。而与周围人比，人们常常抱怨自己所缺乏的物质财富，如收入不足、住房狭小等。就在这样的怨咎当中，我们忽视了与家人相处的幸福时光，损耗了感受和把握幸福的能力，而这正是人生最为宝贵、最应当珍惜的东西。

每当你心生抱怨的时候，尝试着变换一下心态，多想想你已经拥有的、无可替代的人与物，并常怀着一颗感恩的心感谢他们以及所有关心与帮助你的人，以实际行动努力回馈他们，让感恩之心逐渐内化为自己的处世态度与行为准则，你就会发现，生活其实真的很美好。

思考题

1. 在你的人生中，是否有感恩他人或被他人感激并报答的经历？请举例说明。

2. 你认为"知足常乐"对社会而言是积极的还是消极的？请说明理由。

3. 黄大年说："我是国家培养出来的，只要祖国需要，我必全力以赴。"请谈一谈你对这句话的理解。

二、善待他人就是善待自己

故君子莫大乎与人为善。

——《孟子·公孙丑章句上》

孟子认为，一个正人君子所能做到的最伟大的事情，就是与人为善。乐于行善，是人人都应具备的美好品德，却并非人人都做得到。人们往往会被眼前的利益蒙蔽双眼，在看不到回报的时候，吝啬于伸出自己的双手帮扶别人一把。事实上，你不经意的善行往往会获得出人意料的回报。

春秋时期，有一次楚庄王大宴群臣，直到天黑仍未散去。席间，一人趁烛火被风吹灭之际调戏庄王的宠妃许姬，却不想被她拔下了头盔上的帽缨。

许姬拿着帽缨向楚庄王告状，诉说那人的无礼，请楚庄王严惩此人。不料楚庄王听闻此言后，却命大家都把帽缨取下，然后才让点上蜡烛。如此，"幕后黑手"便不得而知了。

后来楚庄王攻打郑国，一个叫唐狡的将军请率百余人作为先锋。他率领这百余人一直打到郑国城下。楚庄王得知后，想要重赏唐狡，可他却答曰："臣乃当初绝缨者也！"楚庄王听了，感慨地说："如果当时我真的把你抓起来，能有今天这个结果吗？"

曹操于官渡之战彻底击败强敌袁绍，统一了北方。可在收缴的战利品中发现了一个大木箱子，打开一看，里面装的居然全都是曹操手下兵将写给袁绍部队的表忠信。信的内容也是大同小异，都是一味地抬高袁绍，贬低曹操，并表示自己愿意叛离曹操投靠袁绍。

曹操手下的谋士得知后，建议曹操派人根据书简上的落款逐一对照、挨个清理，将这些心怀二心的叛徒统统杀掉，以儆效尤。可曹操并没有这么做，相反，他在看到这箱书简后，立刻对手下命令道："付之一炬"。谋士们为此大惑不解，他却回答道："大战将至，敌强我弱，连我都难以自保，何况手下的将士们呢？谋个好出路，实属人之常情，不必过分苛责，以寒了人心。"众人闻言后无不叹服，而那些得到宽恕的兵将也都因此对曹操感恩戴德，并在今后对曹操死心塌地，再无二心。

楚庄王"绝缨会"的宽容，为自己收服了一员大将；曹操焚书简的宽容，帮自己赢得了军心。宽容是一种美德，能让人如沐春风；宽容更是一柄利剑，能以无形的利刃消灭昔日的敌人。然而，我们也不能因此陷入另一个误区，即出于功利目的而施惠于人，期待日后能有所回报。比如，为了建立人际关系而请客送礼，或是为了仕途、商途的顺利而在公众面前进行捐款作秀等。切记，施恩不应图报。将帮助视为日后的筹码，目的不纯的善行并非真正的善行，也无法获得善报。

善待他人不应过分功利，我们面对个别人不怀好意的所谓"善举"时也应擦亮双眼。许多犯罪者，尤其青少年，都有过这样的经历：在没钱上网、玩游戏甚至没钱吃饭时，总有一些所谓的"大哥"热情地伸出援手，收留他们，无偿提供食宿，甚至以兄弟相称，看似比亲人还亲近。可这样的"善举"持续了一段时间之后，"大哥"们就会找出种种理由威逼利诱，引导青少年从事偷窃、抢劫、诈骗等行为，让其一步步滑入犯罪的深渊。这前面的"恩"并不是真正的恩，而是"饵"，先迷惑青少年，为的是钓其上钩，成为他们获得不法利益的工具。而这样做自然不会有善报，终将落得锒铛入狱的结果。

"他们说以后能罩着我，帮我出头。"为寻求"大哥"庇护，未成年人小明成了蒙某和覃某的"小弟"，没想到两个"大哥"却利用小明未满14周岁的未成年人身份，让他充当违法犯罪的"工具人"。近日，由象州县人民检察院提起公诉的蒙某、覃某盗窃案由象州县人民法院一审判决并生效，蒙某和覃某因犯盗窃罪分别被判处有期徒刑 11 个月和有期徒刑 8 个月。

2023 年 9 月 11 日晚，蒙某和覃某以非法占有为目的，教唆、帮助未成年人小明到象州县作案，用撬锁的方式盗窃电动车三辆，共计价值 5435 元，被盗电动车均已由象州县公安局发还给被害人。

检察官提醒：未成年人是国家的未来、民族的希望，保护未成年人是全社会共同的责任。本案中蒙某和覃某利用未成年人辨别是非能力弱、认知水平有限、家庭监护缺失等特点，对未成年人进行威逼利诱，教唆未成年人走上歧途。作为家长应当在孩子的成长过程中履行好监护人的责任，加强对孩子的家庭教育，帮助孩子形成正确的价值观，让未成年人远离违法犯罪。[1]

心怀感恩，既要从小处着手，不忘他人点滴恩惠；更要从大处着眼，站在对国家、社会有利的角度贡献自己的力量，力所能及地帮助身边需要帮助的人。如此，我们的心胸才能变得开阔，人生的道路才能变得宽广。

思考题

1. 请谈一谈"善待自己"与"善待他人"之间的关系。

2. 一个人的行为善与不善，除看能否带来短期利益之外，根本的评价标准是什么？

3. 请结合实际，谈一谈为什么心怀感恩不仅要"不忘他人点滴恩惠"，"更要从大处着眼，站在对国家、社会有利的角度贡献自己的力量"？

---

〔1〕 象州政法综治：《教唆未成年人盗窃，两"大哥"被判刑》，载 https://mp. weixin. qq. com/s？ __ biz = MzI0NjY2MDU1NA = = &mid = 2247520889&idx = 1&sn = a070e9c343e6642ca46 eca86db74f08b&chksm=e8a76c43c4cb5cf4d21be86d1cac34b6eb2058d031a057fd486fec73e060df0a57aeb5 de953c&scene＝27，最后访问日期：2024 年 9 月 20 日。

三、牢记恩惠，抛却怨恨

> 人之有德于我也，不可忘也；吾有德于人也，不可不忘
> 也。吾之有过于人，不可忘也；人之有过于我，不可不忘也。
>
> ——《战国策·魏策四》

《战国策·魏策四》认为，怨因德彰，故使人德我，不若德怨之两忘；仇因恩立，故使人知恩，不若恩仇之俱泯。意思是说，世间的怨恨会因为做善事而更加明显，因为知道的人会发出赞美，而不知道的人就可能有所责难。所以，行善不一定是一件人人都称赞的事情。既然这样，做了善事与其要人感恩戴德，还不如让别人忘记这些无谓的赞美和恩怨；仇恨是因为恩惠而产生的，而恩惠却不能施给所有人。因此，得到恩惠的人将心怀感激，相反，得不到的人就将产生怨恨，与其这样，还不如将恩惠与仇恨统统都忘掉。

阿拉伯著名作家里拉邀请两位朋友一同到野外游玩。其中一位叫拉安，另一位叫吉伯。当三人抵达一个山谷时，拉安不小心滑倒了，多亏吉伯眼疾手快把拉安拉上来，否则后果不堪设想。惊恐万分的拉安平静下来后，便在附近的一块大石头上刻下："某年某月某日，吉伯救了拉安一命。"不久，三人到达一条小溪边，因为一件小事吉伯与拉安争吵了起来，气愤之下，吉伯动手打了拉安一记耳光。一阵伤心难过之后，拉安在沙地上写下："某

年某月某日，吉伯打了拉安一记耳光。"

　　旅行结束后，作家里拉好奇地问拉安："你为什么把吉伯救你的事情刻在石头上，而把他打你的事情写在沙地上？"拉安说："他救了我的命，我将永远记在心里，那是他对我的恩情；至于他打我的事，我会让它随着沙滩字迹的消失而忘得一干二净。"

　　在现实生活中，我们可能会遭受他人的误解、伤害甚至背叛，这些人可能是我们交情深厚、交往密切的朋友，我们曾为他们付出了很多。每当遇到这样的情况，我们往往会感到困惑不解，情感上受到伤害，进而心生怨恨、难以释怀。故事中的拉安给我们做了很好的示范：记住他人的恩惠，而忘却他人的过错，大度些、包容些，仇恨很快就会化解。

　　社会上存在许多这样的案例，原本正直善良的人在面对朋友的忘恩负义或恋人的薄情寡义时，因被辜负而心生绝望，冲动之下甚至伤害他人、伤害自己。这种报复行为，没有任何实际意义，也无法解决问题。一定要正确地、理智地处理此类问题，要积极地改变消极厌世的心态与做法，更不能因一时冲动走上违法的道路。在多数情况下，面对困苦与不公，我们需要保持克制与理智，尤其不能感情用事。须知，当我们无法自由地改变自己的生存环境时，我们所拥有的最大自由便是掌控自己情绪的自由。

　　梵·高在成为著名画家之前，曾在矿区担任教师职务。有一次，他和工人一起下井，在升降机中，他陷入巨大的恐惧。颤颤巍巍的铁索嘎嘎作响，箱板左右摇晃，所有人都默不作声，任凭这机器把他们运进一个深不见底的黑洞，这是一种"进地狱"的感觉。事后，梵·高询问一位神态自若的老工人："你们是否已经习惯了这种环境，不再感到恐惧了？"这位坐了几十年升降机的老工人回答说："不，我们永远不习惯，永远感到害怕，只不过我们学会了克制。"

思考题

1. 你如何理解"人之有德于我也，不可忘也；吾有德于人也，不可不忘也。吾之有过于人，不可忘也；人之有过于我，不可不忘也。"
这两句话？

2. 那些冲动之下伤害他人、伤害自己的行为错在哪里？请谈一谈
你的看法。

3. 如何理解"当我们无法自由地改变自己的生存环境时，我们所
拥有的最大自由便是掌控自己情绪的自由"这句话？

四、学会从挫折中获得新生

居逆境中，周身皆针砭药石，砥节砺行而不觉；处顺境内，眼前尽兵刃戈矛，销膏靡骨而不知。

——《菜根谭》

人在逆境中拼搏，就好比全身都扎着针、敷着药，在不知不觉中磨炼着意志、培养着高尚的品行。而越在优越的环境中，越对我们有危险，因为人们会在不知不觉中被掏空身体，消磨意志。这句话形象地描述了在逆境和顺境两种环境中，人的不同表现和磨砺，强调了逆境的磨砺可以使人坚定不移、积极向上，而顺境的安逸可能会使人失去警惕和进取精神。每个人的一生都不会一帆风顺，面对人生的困顿与挫折、打击与不幸，感恩之心会成为你继续前进、攻坚克难的信念与动力，使你不灰心、不绝望，帮助你重拾奋斗的信心，保持生活的勇气与信念。

海伦·凯勒是美国著名的教育家、慈善家。海伦刚出生时，是个正常的婴儿，能看、能听，也会咿呀学语。可是，一场疾病使她变成了又瞎又聋的人——那时她才19个月大。父母在绝望之余只好将她送至波士顿的一所盲人学校，特别聘请一位老师照顾她。在老师的帮助下，海伦凭着触觉——用指尖代替眼睛和耳朵，学会了与外界沟通和交流。她在10多岁的时候，名字就传遍了全美国，成为残疾人的楷模。

海伦成名后，她并未因此而自满，而是继续孜孜不倦地接受教育。1900年，这个学习了指语法、凸字及发音，并通过这些手段获得知识的20岁的姑娘，进入哈佛大学德拉克利夫学院学习。4年后，她作为世界上第一个受到大学教育的盲聋哑人，以优异的成绩毕业。

这个克服了常人"无法克服"的残疾的"造命人"，其事迹在全世界引起了震惊和赞赏。她大学毕业那年，人们在圣路博览会上设立了"海伦·凯勒日"。她始终对生命充满信心，对事业充满热忱。她喜欢游泳、划船以及在森林中骑马；她喜欢下棋和用扑克牌算命；在下雨的日子里，就以纺织来消磨时间。

第二次世界大战后，她在欧洲、亚洲、非洲各地巡回演讲，唤起了社会大众对残疾人的注意，被《全英百科全书》称颂为有史以来残疾人士中最有成就的代表人物。

当我们在为海伦·凯勒的事迹感到震撼的同时，是否还探得了人生的真义：以感恩的心境对待生命、对待社会，以不屈的意识面对挫折、面对未来，不必因遭受的坎坷而动摇生存的信念。当然，奋斗的成功注定离不开个人坚强的意志与超乎常人的努力。每个人的一生都会遭遇各种各样的挫折，考试失利、创业失败、感情受挫、工作不顺，一时的失败并不代表成功不会再来，我们真正要做的应当是摆正心态，将挫折变为财富，痛定思痛、认真总结。向下堕落远比向上攀登容易，立志攀登的人，势必有很长的奋斗之路要走，这个过程虽然痛苦，却可如蝉蛹化蝶一样，终将绽放生命的美丽。

有这样一则寓言：

蝉的幼虫从它蛰居的土洞里爬出来，一身土黄色的硬壳紧紧地束缚着它娇小的躯体，有翅不能飞，有嘴不能唱，可怜巴巴的，只能默默地爬呀爬。慢慢地，它的脊背上裂开一道缝儿，并逐渐增大、增大……露出一抹象牙般洁白的玉肌。蝉痛苦地颤抖着、扭动着、挣扎着，似乎有一把钢刀在剥皮剔骨。

裂缝越来越大，痛苦越来越剧烈，那可恶的硬壳力图窒息它，但蝉咬紧牙关，顽强地扭动着、挣扎着……终于，它用尽力气从旧躯壳中抽出最后一只足。

啊！自由啦！蝉如释重负，伸伸躯体、抖抖双翅，一只漂亮的蝉出现在树枝上。它高兴地飞起来，舒展歌喉，惊喜地发出第一声长鸣："知了！"叫声惊醒了一只昏睡中的蜗牛，它从螺旋形的房子中探出头来："你知道了什么？"

"谁不能从痛苦的不幸中挣脱出来，谁就不能获得新生！"

思考题

1. 请结合自身经历，讲一讲"顺境"与"逆境"对人们成长的影响。

2. 从海伦·凯勒的事迹中，我们能够学到哪些道理？

3. 如何理解"向下堕落远比向上攀登容易"这句话？

五、孝老爱亲，人之常伦

父兮生我，母兮鞠我。拊我畜我，长我育我，顾我复我，
出入腹我。欲报之德。昊天罔极！

——《诗经》

"家庭，作为人类自我生产繁衍的核心单元，自然具有姻缘血亲的
自然属性，然而人类的自我生产繁衍绝非纯粹自然的生命事件，它关乎
人道、人伦和人性，进而关系到人类社会发展和变化"。[1]家庭是人生
的第一所学校，父母是孩子的第一任老师，父母不仅抚养我们成长，更
教会我们做人的道理。正如古人所感叹的：想要报答父母含辛茹苦的抚
育之恩，但是父母的深恩像苍天一样，报之不尽，无以为报的。

画荻教子

欧阳修（1007—1072 年），字永叔、号醉翁，吉水（今江西吉安）
人，是宋代杰出的散文家、史学家、考古家和诗人。

欧阳修出身于仕宦家庭，他的父亲欧阳观是一个小吏。在欧阳修出
生后的第四年，父亲就离开了人世，于是家中生活的重担全部落在欧阳
修的母亲郑氏身上。

欧阳修稍大些时，郑氏一心想让儿子读书，可是家里太穷，郑氏买
不起纸笔，有一次她看到屋前的池塘边长着荻草（芦苇），突发奇想，
用这些荻草秆在地上写字不是也很好吗？于是她用荻草秆当笔，铺沙当
纸，开始教欧阳修练字。欧阳修按照母亲的教导，在地上一笔一划地练

---

〔1〕 尹红领、王雪萍编著：《新时代家庭美德建设读本》，中国言实出版社 2020 年版，第 2
页。

习写字，反反复复地练，错了再写，直到写对写工整为止，一丝不苟。

在母亲的悉心教导下，欧阳修发愤图强，学习成绩优异，于仁宗天圣八年（1030 年）高中进士。郑氏不仅助力儿子成为一代文学大师，同时教导儿子做人为官的道理，以其父亲为榜样希望欧阳修将来做一个为老百姓所爱戴的清廉好官。郑氏一身正气，她的言传身教深刻地影响着欧阳修，使欧阳修一生光明磊落，敢作敢为，受到后人的尊敬与爱戴。郑氏因画荻教子的贤德事迹，与孟子的母亲、陶侃的母亲和岳飞的母亲一起被尊称为"四大贤母"，光耀千古。

感谢父母，首在感恩。从"鸦有反哺之义，羊知跪乳之恩""谁言寸草心，报得三春晖"的诗句，到"不养儿，不知父母恩"的俗语，古人十分重视对父母恩德的感激之情，并由此倡导孝顺父母、尊敬长辈。

《礼记·内则》篇讲道："父母虽没，将为善，思贻父母令名，必果；将为不善，思贻父母羞辱，必不果。"意思是说，父母虽然不在了，当子女的将要做善事，考虑到会给父母带来好名声，就下定决心去做；将要做不善的事情，考虑到这样会给父母留下耻辱，就下定决心不去做。总之，孝子做人做事，首先要考虑到父母的意愿、荣辱。

在《礼记·内则》篇中，曾子曰："孝子之养老也，乐其心，不违其志，乐其耳目，安其寝处，以其饮食忠养之。孝子之身终，终身也者，非终父母之身，终其身也。是故父母之所爱亦爱之，父母之所敬亦敬之。至于犬马尽然，而况于人乎！"意思是说："孝子的养老，首先在于使父母内心快乐，不违背他们的心意；其次才是言行循礼，使他们听起来高兴，看起来快乐，使他们起居安适，在饮食方面尽心侍候周到。所谓终身，不是指终止于父母的一生，而是终止于孝子本身的一生。所以父母所爱的，孝子也要爱，父母所敬的，孝子也要敬。连对父母宠爱的狗、马都是如此，更何况对人呢！"

除感念父母的恩情外，家庭关系中的另一项重要的关系便是夫妻。

京剧《铡美案》中，陈世美考中状元后为当驸马，不惜谋害自己的妻子与亲生骨肉，真是忘恩负义的典型，最后落得个被斩首的悲惨结局。这也告诉我们，做人切不可恩将仇报，丧失做人的信义与底线，你可能会获得一时的利益，但终生不会脱离道德与良心的谴责与拷问。而古往今来，富贵之后仍存感恩之心、不抛弃糟糠之妻者也不在少数。

糟糠之妻不下堂

汉光武帝刘秀当了皇帝后，万事如意，只有一件事使他放心不下：刘秀有个姐姐，早年丧夫，整日闷闷不乐。刘秀多次派人给她提亲，见了一个又一个，姐姐就是不满意。后来，刘秀得知：姐姐看上了大臣宋弘。刘秀想，自己是皇帝，这点事还是可以办好的。而且，宋弘的妻子郑氏年龄较大，相貌也与姐姐不可比，便派人向宋弘提亲。宋弘听后说："贫贱之交不可忘，糟糠之妻不下堂"，遂拒绝了皇帝的提亲。来人将宋弘的话向刘秀禀报后，刘秀深为宋弘的为人所感动，不仅没有责怪他，反而对他更加看重。从此，"糟糠之妻不下堂"的故事便流传开来。

尉迟敬德名恭，善阳（今山西朔州）人，隋朝末年归顺唐朝。唐太宗未即位前，任用尉迟敬德为右府参军。尉迟敬德英勇善战，常单骑突袭敌阵，敌兵不能伤他，屡次征战都有显著战绩。唐太宗即位后，尉迟敬德以战功被封为鄂国公，去世后赐谥号"忠武"。

唐太宗赏识他英勇忠贞、辅佐有功，曾经对尉迟敬德说："朕要将女儿许配于卿为妻，不知意下如何？"尉迟敬德叩头辞谢道："臣妻虽然浅薄卑陋，但是长久跟随着臣，同经贫贱、共历患难，臣虽不学无术，曾闻古人富贵不易妻的典范，臣愿以古人为法，不忍离弃糟糠之妻，请陛下赐谅开恩。"婚姻虽然不成，但他更深得唐太宗嘉许赏识。后来尉迟敬德的子孙历经千余年仍然富贵昌盛，重义之人所得善报惠泽后代。

春秋时期晋国大丈郭偃曾讲过："民性于三，事之如一。父生之，师教之，君食之。非父不生，非食不长，非教不知生之族也，故壹事之。"[1]古人将父子关系、君臣关系与师生关系并列，所谓"一日为师，终身为父"，强调学生要尊敬爱戴老师，像尊敬自己的父母一样。韩愈所著《师说》中讲，"师者，所以传道、授业、解惑者也。"作为老师，不仅要传授给学生知识、技能，更重要的是要教给学生为人处世的态度与方法，引导学生走上正途。

孟子曾说："君子之所以教者五：有如时雨化之者，有成德者，有达财者，有答问者，有私淑艾者。此五者，君子之所以教也。"[2]意思是说，君子教育人的方法有五种：有像及时雨那样化育万物的，有培养人德行的，有使人能通达于节制节度的，有解答疑难问题的，有以自身品德学问影响那些不能登门受业的。这五种便是君子教育的方法。

张桂梅是云南省丽江市华坪女子高级中学党支部书记、校长。她致力于教育扶贫，扎根边疆教育一线四十余年，推动创建了中国第一所公办免费女子高中，自2008年建校以来帮助1800多名女孩走出大山、走进大学。张桂梅身患多种疾病，但她拖着病体坚守三尺讲台，用爱心和智慧点亮万千乡村女孩的人生梦想。在不久前召开的全国脱贫攻坚总结表彰大会上，张桂梅被授予"全国脱贫攻坚楷模"称号。

从青春靓丽、笑靥如花，到苍老憔悴、满身伤病，张桂梅将最好的

---

[1]《国语·晋语》。
[2]《孟子·尽心上》。

青春年华献给了山区的教育事业。从"大山的女儿",到孩子们口中的"张妈妈",她将全部心血倾注在孩子身上,更将自立自强的种子播撒在她们心中。在华坪女高,有这样一段震撼人心的誓词:"我生来就是高山而非溪流,我欲于群峰之巅俯视平庸的沟壑。我生来就是人杰而非草芥,我站在伟人之肩藐视卑微的懦夫!"正是这样的誓言激励着许多家境贫寒的山区女孩,不认命、不服输,走出山区,看见更广阔的世界。

教育扶贫改变的是人,而且是几代人。从扎根大山的"燃灯者"张桂梅,到"一生只为一事来"的支月英,从用一根扁担挑起山乡希望的张玉滚,到多年在悬崖天梯上接送学生的李桂林、陆建芬夫妇……正是许许多多像他们一样的乡村教师,用坚韧和奉献托举起大山孩子的梦想,为一个个贫困家庭带去希望,更为打赢脱贫攻坚战贡献了力量。决心"战斗到我最后那一口气"的张桂梅宛如一座灯塔,激励着更多教育工作者在筑梦之路上坚守初心、点亮他人。[1]

在人生的成长过程中,父母的养育、老师的教育、社会的磨炼都是必不可少的。以感恩之心回报养育我们的父母、陪伴我们的亲人,以感恩之心报答老师的循循善诱、悉心教诲,以感恩之心对待同事、朋友之间的关心帮助,我们的生活一定会少一些戾气,多一份祥和,我们的人生也会在温馨和睦的氛围中收获更多的快乐与幸福。

思考题

1. 除了父母、兄弟、姐妹、师长,你还有哪些需要感恩的人?为什么?

2. 如何理解"不养儿,不知父母恩"这句话?

3. 家庭、学校与社会在个人的成长过程中发挥了哪些不可替代的作用?

---

〔1〕 光明网:《"燃灯校长"张桂梅:用全部的生命教书育人》,载 https://m.gmw.cn/baijia/2021-03/31/34728416.html,最后访问日期:2024 年 9 月 20 日。

推荐书目

1.《人间值得爱》，汪曾祺、史铁生、季羡林等，北京联合出版公司 2022 年版。

2.《张桂梅》，李延国、王秀丽，云南人民出版社 2022 年版。

推荐电影

1.《奇迹男孩》（2017 年），斯蒂芬·卓博斯基执导。

2.《放牛班的春天》（2004 年），克里斯托夫·巴拉蒂执导。